重庆市骨干高等职业院校建设项目规划教材
重庆水利电力职业技术学院课程改革系列教材

建筑施工组织与管理

主　编　付小凤　马建斌
副主编　唐　洁　郭婷婷　曹　源
主　审　黄长久

黄河水利出版社
·郑州·

内 容 提 要

本书是重庆市骨干高等职业院校建设项目规划教材、重庆水利电力职业技术学院课程改革系列教材之一,由骨干建设资金支持,根据高职高专教育建筑施工组织与管理课程标准及理实一体化教学要求编写完成。本书主要内容包括建筑施工组织概论、流水施工组织、网络计划编制、单位工程施工组织设计和建筑工程施工管理等。

本书可供高职高专院校建筑工程管理、工程造价、建筑工程技术、工程商务等专业教学使用,也可供土建类相关专业及建筑工程专业技术人员学习参考。

图书在版编目(CIP)数据

建筑施工组织与管理/付小凤,马建斌主编. —郑州:黄河
水利出版社,2016.11 (2018.1 修订重印)
重庆市骨干高等职业院校建设项目规划教材
ISBN 978 - 7 - 5509 - 1605 - 0

Ⅰ.①建… Ⅱ.①付… ②马… Ⅲ.①建筑工程 - 施工
组织 - 高等职业教育 - 教材②建筑工程 - 施工管理 - 高等职
业教育 - 教材 Ⅳ.①TU7

中国版本图书馆 CIP 数据核字(2016)第 302839 号

组稿编辑:王路平 电话:0371 - 66022212 E-mail:hhslwlp@163.com

出 版 社:黄河水利出版社 网址:www.yrcp.com
        地址:河南省郑州市顺河路黄委会综合楼14层 邮政编码:450003
发行单位:黄河水利出版社
        发行部电话:0371 - 66026940、66020550、66028024、66022620(传真)
        E-mail:hhslcbs@126.com
承印单位:河南承创印务有限公司
开本:787 mm×1 092 mm 1/16
印张:10.75
字数:250 千字   印数:1 001—3 000
版次:2016 年 11 月第 1 版   印次:2018 年 1 月第 2 次印刷
    2018 年 1 月修订

定价:26.00 元

前 言

按照"重庆市骨干高等职业院校建设项目"规划要求,建筑工程管理专业是该项目的重点建设专业之一,由骨干建设资金支持、重庆水利电力职业技术学院负责组织实施。按照子项目建设方案和任务书,通过广泛深入的行业、市场调研,与行业、企业专家共同研讨,不断创新基于职业岗位能力的"项目导向、三层递进、教学做一体化"的人才培养模式,以房地产和建筑行业生产建设一线的主要技术岗位核心能力为主线,兼顾学生职业迁徙和可持续发展需要,构建基于职业岗位能力分析的教学做一体化课程体系,优化课程内容,进行精品资源共享课程与优质核心课程的建设。经过三年的探索和实践,已形成初步建设成果。为了固化骨干建设成果,进一步将其应用到教学之中,最终实现让学生受益,经学院审核,决定正式出版系列课程改革教材,包括优质核心课程和精品资源共享课程等。

本教材在编写过程中,坚持"项目导向、技能为本"的原则,重视与工程项目实际相结合,依据我国最新颁布的规范、标准进行编写,以适应现代建设工程发展的需要。主要突出以下几方面的特色:对学生职业能力的训练,围绕培养目标进行知识选取;充分考虑职业教育对理论知识的需要和学生可持续发展的需要;融合建造师、施工员、监理员等岗位对知识、技能的要求。

本书由重庆水利电力职业技术学院承担编写工作,编写人员及编写分工如下:重庆水利电力职业技术学院曹源、马建斌,桂林航天工业学院王肖芳编写了项目1;重庆水利电力职业技术学院付小凤编写了项目2;重庆水利电力职业技术学院付小凤、唐洁、郭婷婷编写了项目3;重庆水利电力职业技术学院黄薇、唐洁,重庆虹华建筑工程监理有限公司张小华编写了项目4;重庆水利电力职业技术学院曹源、李傲、周润然、吴渝玲编写了项目5。本书由付小凤、马建斌担任主编,付小凤负责全书统稿;由唐洁、郭婷婷、曹源担任副主编;由重庆川维石化工程有限责任公司监理工程师黄长久担任主审。

本书的编写出版,得到了重庆虹华建筑工程监理有限公司、重庆川维石化工程有限责任公司、桂林航天工业学院、黄河水利出版社的大力支持,在此一并表示衷心的感谢!

由于编者水平有限,书中难免存在错漏和不足之处,恳请广大师生及专家、读者批评指正。

编 者

2016 年 8 月

目　录

目 录

项目 1　建筑施工组织概论

任务 1.1　建设项目建设程序认知

建设工作必须遵循一定的程序,也只有合理地安排各项工作的先后次序才能更好地完成建筑产品。所以,在项目建设时,我们需要了解什么是建设项目、它由哪些工作组成以及它的具体程序有哪些。

1.1.1　建设项目及其组成

建设项目是指具有独立计划和总体设计文件,并能按总体设计要求组织施工,工程完工后可以独立发挥生产或使用功能的工程项目。例如:一所学校、一个工厂等。各建设项目的规模和复杂程度各不相同。一般情况下,建设项目按组成内容从大到小可以划分为若干个单项工程、单位工程、分部工程和分项工程。

1.1.1.1　单项工程

单项工程是指在一个建设项目中,具有独立的设计文件,能够独立组织施工,竣工后可以独立发挥生产能力或效益的工程。例如:一所学校的教学楼、实验楼、图书馆等,工厂的一个车间等。它是基建项目的组成部分。

1.1.1.2　单位工程

单位工程指竣工后不可以独立发挥生产能力或效益,但具有独立设计文件,能够独立组织施工的工程。例如:土建施工、设备安装等。

单项工程和单位工程的区别就在于能否独立发挥生产能力和效益。

1.1.1.3　分部工程

分部工程是单位工程的组成部分,分部工程的划分是按照专业性质、建筑部位确定的。例如:基础工程、砖石工程、混凝土及钢筋混凝土工程、装修工程、屋面工程等。

1.1.1.4　分项工程

分项工程是分部工程的组成部分,是施工图预算中最基本的计算单位。它是按照不同的施工方法、不同材料的不同规格等,将分部工程进一步划分。例如,钢筋混凝土分部工程,可分为捣制和预制两种分项工程;预制楼板工程,可分为空心板、槽型板等分项工程;砖墙分部工程,可分为眠墙(实心墙)、空心墙、内墙、外墙、一砖厚墙、一砖半厚墙等分项工程。

分项工程和分部工程的区别:分部工程一般是建筑物的一部分,分项工程是建设项目最小的部分,再也分不下去。若干个分项工程合在一起就形成一个分部工程,分部工程合在一起就形成一个单位工程,单位工程合在一起就形成一个单项工程,一个单项工程或几个单项工程合在一起构成一个建设项目。

1.1.2　建设程序

1.1.2.1　基本建设程序

基本建设程序是基本建设项目从决策、设计、施工和竣工验收到投产使用的全过程中各项工作必须遵循的先后顺序。这个顺序反映了整个建设过程必须遵循的客观规律。

基本建设程序一般可分为决策、实施及投产使用三个大的阶段。

1. 决策阶段

决策阶段的工作主要包括编制项目建议书、可行性研究、编制可行性研究报告、审批可行性研究报告。

(1)项目建议书:是建设单位向主管部门提出要求建设某一项目的建议性文件,是对拟建项目的轮廓构想,是从拟建项目的必要性及大方向的可能性加以考虑的设想。

(2)可行性研究:项目建议书经批准后,应紧接着进行可行性研究工作。可行性研究是对项目在技术上是否可行和经济上是否合理进行科学的分析与论证。

(3)编制可行性研究报告:是在项目可行性研究分析的基础上,选择经济效益最好的方案进行编制,它是确定建设项目、编制设计文件的重要依据。

(4)审批可行性研究报告:2亿元以上的项目由国家发展和改革委员会审查后报国务院审批;中央各部门所属小型或限额以下的项目由各部门审批;地方投资2亿元以下的项目由地方发展和改革委员会审批。

2. 实施阶段

实施阶段包括勘察阶段、设计准备阶段、设计阶段、施工准备阶段、施工阶段、竣工验收及交付使用阶段。

(1)勘察阶段:工程勘察范围包括工程项目岩土工程、水文地质勘察和工程测量等,通常所说的设计勘察工作是在严格遵守技术标准、法规的基础上,对工程地质条件做出及时、准确的评价,为设计乃至施工提供可供遵循的依据,最终成果是地质勘查报告。

(2)设计准备阶段:主要任务是根据可行性研究报告和勘查结果编制设计任务书。

(3)设计阶段:主要任务是提供可供施工的设计文件。设计文件是指工程图纸及说明书,它一般由建设单位通过招标或直接委托设计单位编制。编制设计文件时,应根据批准的可行性研究报告,将建设项目的要求逐步具体化为可用于指导建筑施工的工程图纸及说明书。一般对不太复杂的中小型项目采用两阶段设计,即扩大初步设计(或称初步设计)和施工图设计;对重要的、复杂的、大型的项目,经主管部门指定,可采用三阶段设计,即初步设计、技术设计和施工图设计。

(4)施工准备阶段:主要任务是征地拆迁和三通一平;组织设备;材料订货;准备必要的施工图纸;组织施工招投标,选定施工单位。

(5)施工阶段:建筑施工是基本建设程序中的一个重要环节。施工前要明确工程质量、工期、成本、安全、环保等目标,认真做好图纸会审工作。编制施工组织设计和施工预算。施工中要严格按照施工图施工,如需要变动应取得设计单位同意。要坚持合理的施工程序和顺序,要严格执行施工验收规范,确保工程质量。

(6)竣工验收及交付使用阶段:按批准的设计文件和合同规定的内容完成的工程项目,其中生产性项目经负荷试运转和试生产合格,并能够生产合格产品的;非生产性项目符合设计要求,能够正常使用的,都要及时组织验收,办理移交手续,交付使用。

3. 投产使用阶段

项目完成后生产性项目进入生产阶段,非生产性项目开始使用。

1.1.2.2　建筑施工程序

施工程序是拟建工程在整个施工过程中各项工作必须遵循的先后顺序,施工程序包括:

(1)承揽施工任务。

(2)签订施工合同。

(3)做好施工准备,提出开工报告。

(4)组织施工。

(5)竣工验收、交付使用。

任务 1.2　建筑产品与建筑施工的特点

建筑产品是施工企业通过一系列的施工活动生产出来的产品,它主要包括建筑物和构筑物。建筑产品不同于其他工业产品,有其自身的特点,从而使生产建筑产品的施工活动也有其自身的特点。

1.2.1 建筑产品的特点

建筑产品虽然各自规模不同、性质不同、用途不同,但它有以下共同的特点。

1.2.1.1 建筑产品的固定性

建筑产品需进行土建施工及安装,均由基础和主体结构两部分组成。基础是建筑物最底部的组成部分,承受建筑物全部的荷载,并将其传给地基,同时将建筑物固定在使用位置。所以,建筑物建造及使用地点都是固定的,无法随意移动。

1.2.1.2 建筑产品的庞大性

无论是简单的建筑还是复杂的建筑,建成以后均是为人类的生产或者生活服务的,需要具备一定的功能,建造过程需要投入大量的人、材、机,建成后需要占用庞大的空间。

1.2.1.3 建筑产品的多样性

建筑物建成以后需满足不同的使用需求,而且要受到当地文化、环境的影响,还要体现一定的艺术价值。所以,建筑产品的规模、外形、构造及装饰就会千差万别。

1.2.2 建筑施工的特点

施工组织的任务就是将各项施工活动在空间上进行优化布置与时间上的有序安排,建筑产品是固定的,就要求生产是流动的。除此之外,由于现代土木工程施工的复杂性决定其施工还具有如下特点:

(1)参与主体多,协作配合关系复杂。

(2)施工生产规模大,劳动力密集,材料、物资供应量大,建设周期长。

(3)同一工作面上流水施工与交叉施工并存,相互妨碍、牵制,降低工效,造成浪费。

(4)露天作业多,受自然条件影响大。

(5)机械化、标准化程度低。

任务 1.3　施工组织设计

1.3.1 施工组织设计的概念与作用

施工组织设计是用来指导施工项目全过程各项活动的技术、经济和组织的综合性文件。

施工组织设计是根据国家或建设单位对拟建工程的要求、设计图纸和编制施工组织设计的基本原则,从拟建工程施工全过程的人力、物力和空间三个要素着手,在人力与物力、主体与辅助、工艺与设备、供应与消耗、生产与储存、专业与协作、使用与维修和空间布置与时间排列等方面进行科学的、合理的部署,为建筑产品生产的节奏性、均衡性和连续性提供最优方案,从而以最少的资源消耗取得最大的经济效果,使最终建筑产品的生产在时间上达到速度快和工期短,在质量上达到精度高和功能好,在经济上达到消耗少、成本低和利润高的目标。

1.3.2　施工组织设计的分类

施工组织设计编制的阶段不同、编制的工程对象的范围不同,其编制的广度和深度也不同。

1.3.2.1　按施工组织设计编制阶段不同分类

施工组织设计按编制时间不同可分为投标阶段编制的综合指导性施工组织设计(简称标前设计)和中标后签订工程承包合同阶段编制的实施性施工组织设计(简称标后设计)两种。两种施工组织设计的特点和区别如表1-1所示。

表1-1　标前设计和标后设计的区别

种类	服务范围	编制时间	编制者	主要特征	主要目标
标前设计	投标与签约	投标前	企业管理层	规划性	中标及企业经济效益
标后设计	施工准备至验收	中标后开工前	项目管理层	实施性	施工效率及施工效益

1.3.2.2　按施工组织设计编制的工程对象范围不同分类

施工组织设计按编制对象范围的不同可分为施工组织总设计、单位工程施工组织设计、分部分项工程施工组织设计三种。

(1)施工组织总设计:是以一个建筑群或一个建设项目为编制对象,用以指导整个建筑群或建设项目施工全过程的各项施工活动的综合性技术经济文件。施工组织总设计一般在初步设计或扩大初步设计被批准之后,由总承包企业的总工程师主持进行编制。

(2)单位工程施工组织设计:是以一个单位工程(一个建筑物或构筑物,一个交工系统)为编制对象,用以指导其施工全过程的各项施工活动的综合性技术经济文件。单位工程施工组织设计一般在施工图设计完成后,在拟建工程开工之前,由工程处的技术负责人主持进行编制。

(3)分部分项工程施工组织设计:也叫分部分项工程作业设计,是以分部、分项工程为编制对象,用以具体实施其施工过程的各项施工活动的技术、经济和组织的综合性文件。分部分项工程施工组织设计一般与单位工程施工组织设计的编制同时进行,并由单位工程的技术人员负责编制。

一般对于工程规模大、技术复杂或施工难度大的建筑物或构筑物,在编制单位工程施工组织设计之后,常需对某些重要的又缺乏经验的分部、分项工程再深入编制施工组织设计。例如,深基础工程、大型结构安装工程、高层钢筋混凝土主体结构工程、地下防水工程等。

任务 1.4　施工准备工作计划编制

1.4.1　施工准备工作的意义

施工准备工作是为了保证工程顺利开工和施工活动正常进行而必须事先做好的各项

准备工作。它是施工程序中的重要环节,不仅存在于开工之前,而且贯穿在整个施工过程之中。为了保证工程项目顺利地进行施工,必须做好施工准备工作。

做好施工准备工作具有以下意义。

1.4.1.1 遵循建筑施工程序

施工准备是建筑施工程序的一个重要阶段。现代工程施工是十分复杂的生产活动,其技术规律和社会主义市场经济规律要求工程施工必须严格按建筑施工程序进行。只有认真做好施工准备工作,才能取得良好的建设效果。

1.4.1.2 降低施工风险

就工程项目施工的特点而言,其生产受外界干扰及自然因素的影响较大,因而施工中可能遇到的风险较多。只有充分做好施工准备工作、采取预防措施,加强应变能力,才能有效地降低风险损失。

1.4.1.3 创造工程开工和顺利施工条件

工程项目施工不仅需要耗用大量材料、使用许多机械设备、组织安排各工种人力、涉及广泛的社会关系,而且还要处理各种复杂的技术问题、协调各种配合关系,因而需要统筹安排和周密准备,才能使工程顺利开工,开工后能连续顺利地施工且能得到各方面条件的保证。

1.4.1.4 提高企业经济效益

认真做好工程项目施工准备工作,能调动各方面的积极因素,合理组织资源进度、提高工程质量、降低工程成本,从而提高企业经济效益和社会效益。

实践证明,施工准备工作的好与坏,将直接影响建筑产品生产的全过程。凡是重视和做好施工准备工作,积极为工程项目创造一切有利的施工条件,则该工程能顺利开工,取得施工的主动权;反之,如果违背施工程序,忽视施工准备工作,或工程仓促开工,必然在工程施工中受到各种矛盾掣肘,处处被动,以致造成重大的经济损失。

1.4.2 施工准备工作的分类

1.4.2.1 按工程项目施工准备工作的范围不同分类

按工程项目施工准备工作的范围不同,施工准备工作一般可分为全场性施工准备、单位工程施工条件准备和分部分项工程作业条件准备三种。

(1)全场性施工准备:是以一个建筑工地为对象而进行的各项施工准备。其特点是施工准备工作的目的、内容都是为全场性施工服务的,它不仅要为全场性的施工活动创造有利条件,而且要兼顾单位工程施工条件准备。

(2)单位工程施工条件准备:是以一个建筑物或构筑物为对象而进行的施工条件准备工作。其特点是准备工作的目的、内容都是为单位工程施工服务的,它不仅为该单位工程在开工前做好一切准备,而且要为分部分项工程做好施工准备工作。

(3)分部分项工程作业条件准备:是以一个分部分项工程或冬雨季施工为对象而进行的作业条件准备。

1.4.2.2 按拟建工程所处的施工阶段的不同分类

按拟建工程所处的施工阶段不同,施工准备工作一般可分为开工前的施工准备和各施工阶段前的施工准备两种。

(1)开工前的施工准备:是在拟建工程正式开工之前所进行的一切施工准备工作。其目的是为拟建工程正式开工创造必要的施工条件。它既可能是全场性施工准备,又可能是单位工程施工条件准备。

(2)各施工阶段前的施工准备:是在拟建工程开工之后、每个施工阶段正式开工之前所进行的一切施工准备工作。其目的是为施工阶段正式开工创造必要的施工条件。如混合结构的民用住宅的施工,一般可分为地下工程、主体工程、装饰工程和屋面工程等施工阶段,每个施工阶段的施工内容不同,所需要的技术条件、物资条件、组织要求和现场布置等也不同,因此在每个施工阶段开工之前,都必须做好相应的施工准备工作。

综上所述,可以看出:不仅在拟建工程开工之前需做好施工准备工作,而且随着工程施工的进展,在各施工阶段开工之前也要做好施工准备工作。施工准备工作既要有阶段性,又要有连贯性,因此施工准备工作必须有计划、有步骤,分期和分阶段地进行,要贯穿拟建工程整个生产过程。

1.4.3 施工准备工作的主要内容

1.4.3.1 原始资料的收集

原始资料的收集包括技术经济资料的收集、建设场地勘察和社会资料的收集。

1. 技术经济资料的收集

技术经济资料的收集主要包括建设地区的能源资料收集、建设地区的交通资料收集、主要材料的收集、半成品及成品的收集、价格收集等内容,是选择施工方法和确定费用的依据。

1)建设地区的能源资料收集

能源一般是指水源、电源、气源等。能源资料可向当地城建、电力、建设单位等进行收集,主要用作选择施工用临时供水、供电和供气的方式,提供经济分析比较的依据。建设地区能源资料收集的内容和目的见表1-2。

表1-2 建设地区能源资料收集的内容和目的

序号	项目	收集内容	收集目的
1	供排水	1.工地用水与当地现有水源连接的可能性、可供水量,接管地点、管径、材料、埋深,水压、水质及水费,至工地距离,沿途地形、地物状况; 2.自选临时江河水源的水质、水量,取水方式、至工地距离,沿途地形、地物状况,自选临时水井的位置、深度、管径、出水量和水质; 3.利用永久性排水设施的可能性,施工排水的去向、距离和坡度,有无洪水影响,防洪设施状况	1.确定施工及生活供水方案; 2.确定工地排水方案和防洪设施; 3.拟订供排水设施的施工进度计划

续表1-2

序号	项目	收集内容	收集目的
2	供电与电信	1.当地电源位置,引入的可能性,可供电的容量、电源、导线截面和电费,引入方向,接线地点及其至工地距离,沿途地形、地物的状况; 2.建设单位和施工单位自有的发、变电设备的型号、台数和容量; 3.利用邻近电信设施的可能性,电信单位至工地的距离,可能增设电信设备、线路的情况	1.确定施工供电方案; 2.确定施工通信方案; 3.拟订供电、通信设备的施工进度计划
3	蒸汽等	1.蒸汽来源,可供蒸汽量,接管地点,管径、埋深,至工地距离,沿途地形、地物状况,蒸汽价格; 2.建设、施工单位自有锅炉的型号、台数和性能,所需燃料和水质标准; 3.当地或建设单位可能提供压缩空气、氧气的能力,至工地距离	1.确定施工及生活用气的方案; 2.确定压缩空气、氧气的供应计划

2)建设地区的交通资料收集

交通运输方式一般有铁路、公路、水路、航空等,交通资料可向当地铁路、交通运输和民航等管理局的业务部门进行收集,主要作为组织施工运输业务、选择运输方式、提供经济分析比较的依据。建设地区交通资料收集的内容和目的见表1-3。

表1-3　建设地区交通资料收集的内容和目的

序号	项目	收集内容	收集目的
1	铁路	1.邻近铁路专用线、车站至工地的距离及沿途运输条件; 2.站场卸货长度,起重能力和储存能力; 3.装载单个货物的最大尺寸、重量的限制; 4.运费、装卸费和装卸力量	
2	公路	1.主要材料产地至工地的公路等级,路面构造宽度及完好情况,允许最大载重量,途经桥涵等级,允许最大载重量; 2.当地专业运输机构及附近村镇能提供的装卸、运输能力,汽车、畜力、人力车的数量及运输效率,运费、装卸费; 3.当地有无汽车修配厂,修配能力和至工地距离	1.选择施工运输方式; 2.拟订施工运输计划
3	水路	1.货源、工地至邻近河流、码头渡口的距离,道路情况; 2.洪水、平水、枯水期时,通航的最大船只及号位,取得船只的可能性; 3.码头装卸能力,最大起重量,增设码头的可能性; 4.渡口的渡船能力,同时可载汽车、马车数,每日次数,能为施工提供的运力; 5.运费、渡口费、装卸费	

3）主要材料的收集

主要材料的收集包括三大材料（钢材、木材和水泥）、特殊材料和主要设备。这些资料一般向当地工程造价管理站及有关材料、设备供应部门进行收集，作为确定材料供应、储存和设备订货、租赁的依据。主要材料和设备收集的内容和目的见表1-4。

表1-4　主要材料和设备收集的内容和目的

序号	项目	收集内容	收集目的
1	三大材料	1. 钢材订货的规格、钢号、数量； 2. 木材订货的规格、等级、数量； 3. 水泥订货的品种、标号、数量	1. 确定临时设施的堆放场地； 2. 确定木材加工计划； 3. 确定水泥储存方式
2	特殊材料	1. 需要的品种、规格、数量； 2. 试制、加工和供应情况	1. 制订供应计划； 2. 确定储存方式
3	主要设备	1. 主要工艺设备名称、规格、数量和供货单位； 2. 分批和全部到货时间	1. 确定临时设施和堆放场地； 2. 拟定防雨措施

4）半成品及成品的收集

（1）地方资源的收集。地方资源一般向当地计划、经济及建筑等管理部门进行收集，可用来确定材料、构配件、制品等货源的加工供应方式、运输计划和规划临时设施。地方资源的收集内容见表1-5。

表1-5　地方资源的收集内容

序号	材料名称	产地	储藏量	质量	开采量	出厂价	开发费	运距	单位运价
1									
2									
⋮									

注：表中材料名称栏可按块石、碎石、砾石、砂、工业废料（包括矿渣、炉渣、粉煤灰）等填写。

（2）地方建筑材料及构件生产企业收集内容见表1-6。

表1-6　地方建筑材料及构件生产企业收集内容

序号	企业名称	产品名称	单位	规格	质量	生产能力	生产方式	出场价格	运距	运输方式	单位运价	备注
1												
2												
⋮												

注：表中企业名称及产品名称栏可按构件厂、木材厂、金属结构厂、砂石厂、建筑设备厂、砖瓦厂、石灰厂等填写。

2. 建设场地勘察

建设场地勘察主要是了解建设地点的地形、地貌、水文、气象以及场址周围环境和障碍物情况等，可作为确定施工方法和技术措施的依据。建设场地勘察的收集内容和目的见表1-7。

表1-7　建设场地勘察的收集内容和目的

项目	收集内容	收集目的
气温	1. 年平均最高、最低温度，最冷、最热月份的逐日平均温度； 2. 冬、夏季室外计算温度； 3. ≤ - 3 ℃、≤0 ℃、≤5 ℃的天数及起止时间	1. 确定防暑降温的措施； 2. 确定冬期施工措施； 3. 估计混凝土、砂浆强度
雨(雪)	1. 雨季起止时间； 2. 月平均降雨(雪)量、最大降雨(雪)量、一昼夜最大降雨(雪)量； 3. 全年雷暴日数	1. 确定雨期施工措施； 2. 确定工地排水、预洪方案； 3. 确定工地防雷设施
风	1. 主导风向及频率(风玫瑰图)； 2. ≥8级风的全年天数、时间	1. 确定临时设施的布置方案； 2. 确定高空作业及吊装的技术安全措施
地形	1. 区域地形图：1/10 000 ~ 1/25 000； 2. 工程位置地形图：1/1 000 ~ 1/2 000； 3. 该地区城市规划图； 4. 经纬坐标桩、水准基桩位置	1. 选择施工用地； 2. 布置施工总平面图； 3. 场地平整及土方量计算； 4. 了解障碍物及其数量
地质	1. 钻孔布置图； 2. 地质剖面图：土层类型、厚度； 3. 物理力学指标：天然含水量、孔隙率、塑性指数、渗透系数、压缩试验及地基土强度； 4. 底层的稳定性：断层滑块、流沙； 5. 最大冻结深度； 6. 地基土破坏情况：钻井、古墓、防空洞及地下构筑物	1. 土方施工方法的选择； 2. 地基土的处理方法； 3. 基础施工方法； 4. 复核地基基础设计； 5. 拟订障碍物拆除方案
地震	地震等级	确定地震对基础影响及注意事项
地下水	1. 最高、最低水位及时间； 2. 水的流速、流向、流量； 3. 水质分析，水的化学成分； 4. 抽水试验	1. 基础施工方案选择； 2. 降低地下水的方法； 3. 拟订防止侵蚀性介质的措施
地面水	1. 邻近江河湖泊距工地的距离； 2. 洪水、平水、枯水期的水位、流量及航道深度； 3. 水质分析； 4. 最大、最小冻结深度及冻结时间	1. 确定临时给水方案； 2. 确定施工运输方案； 3. 确定水工工程施工方案； 4. 确定工地防洪方案

1)地形、地貌的检查

地形、地貌的检查内容包括工程的建设规划图、区域地形图、工程位置地形图，水准点、控制桩的位置，现场地形、地貌特征，勘察高程及高差等。对地形简单的施工现场，一般采用目测和步测；对地形复杂的施工现场，可用测量仪器进行观测，也可向规划部门、建设单位、勘察单位等收集资料。这些资料可作为设计施工平面图的依据。

2）工程地质及水文地质资料的收集

工程地质包括地层构造、土层的类别及厚度、土的性质、承载力及地震级别等。水文地质包括地下水的质量、含水层的厚度、地下水的流向、流量、流速、最高和最低水位等。这些内容的收集，主要是采取观察的方法，如直接观察附近的土坑、沟道的断层，附近建筑物的地基情况，地面排水方向和地下水的汇集情况；钻孔观察地层构造、土的性质及类别、地下水的最高水位和最低水位。还可向建设单位、设计单位、勘察单位等收集资料，作为选择基础施工方法的依据。

3）气象资料的收集

气象资料主要指气温（包括全年、各月平均温度，最高与最低温度，5 ℃及 0 ℃以下天数、日期）、雨情（包括雨期起止时间，年、月降水量，日最大降水量及日期）等资料。向当地气象部门收集资料，可作为确定冬、雨期施工的依据。

4）周围环境及障碍物资料的收集

周围环境及障碍物资料的收集包括施工区域建筑物、构筑物、沟渠、水井、树木、土堆、电力架空线路、地下沟道、人防工程、上下水管道、埋地电缆、煤气及天然气管道、地下杂填坑、枯井等。这些资料要通过实地踏勘，并向建设单位、设计单位等收集取得，可作为布置现场施工平面的依据。

3. 社会资料的收集

社会资料的收集主要包括建设地区的政治、经济、文化、科技、风土、民俗等内容。其中，社会劳动力和生活设施、参加施工各单位情况的收集资料，可作为安排劳动力、布置临时设施和确定施工力量的依据。

（1）社会劳动力和生活设施资料的收集内容和目的见表1-8。这些资料可向当地劳动、商业、卫生、教育、邮电、交通等主管部门收集。

表1-8 社会劳动力和生活设施资料的收集内容和目的

序号	项目	收集内容	收集目的
1	社会劳动力	1. 少数民族地区的风俗习惯； 2. 当地能提供的劳动力人数，技术水平和来源； 3. 上述人员的生活安排	1. 拟订劳动力计划； 2. 安排临时设施
2	房屋设施	1. 必须在工地居住的单身人数和户数； 2. 能作为施工用的现有的房屋栋数，每栋面积，结构特征，总面积、位置，水、暖、电、卫设备状况； 3. 上述建筑物的适宜用途，用作宿舍、食堂、办公室的可能性	1. 确定现有房屋为施工服务的可能性； 2. 安排临时设施
3	周围环境	1. 主副食品供应，日用品供应，文化教育，消防治安等机构为施工提供的支援能力； 2. 邻近医疗单位至工地的距离，可能就医的情况； 3. 当地公共汽车、邮电服务情况； 4. 周围是否存在有害气体、污染情况，有无地方病	安排职工生活基地，解除后顾之忧

（2）施工单位情况的收集内容和目的见表1-9，这部分资料可向建筑施工企业及主管部门收集。

表1-9　施工单位情况的收集内容和目的

序号	项目	收集内容	收集目的
1	工人	1. 工人的总数、各专业工种的人数、能投入本工程的人数； 2. 专业分工及一专多能情况； 3. 定额完成情况	
2	管理人员	1. 管理人员总数，各种人员比例及人数； 2. 工程技术人员的人数，专业构成情况	
3	施工机械	1. 名称、型号、规格、台数及其新旧程度（列表）； 2. 总装配程度，技术装备率和动力装备率； 3. 拟增购的施工机械明细表	1. 了解总、分包单位的技术、管理水平； 2. 选择分包单位； 3. 为编制施工组织设计提供依据
4	施工经验	1. 历史上曾经施工过的主要工程项目； 2. 习惯采用的施工方法，曾采用的先进施工方法； 3. 科研成果和技术更新情况	
5	主要指标	1. 劳动生产率指标：产值、产量、全员建筑安装劳动生产率； 2. 质量指标：产品优良率及合格率； 3. 安全指标：安全事故频率； 4. 利润成本指标：产值、资金利用率、成本计划实际降低率； 5. 机械设备完好率、利用率和效率	

1.4.3.2　技术资料的准备工作

技术资料的准备即通常所说的室内准备，即内业准备，其内容一般包括熟悉与会审图纸、签订施工合同、编制施工组织设计、编制施工图预算和施工预算。

1. 熟悉与会审图纸

1）熟悉图纸

施工员阅读图纸时，应重点熟悉以下内容：

（1）基础部分：核对建筑、结构、设备施工图中关于基础留洞的位置及标高，地下室排水方向，变形缝及人防出口做法，防水体系的包圈及收头要求等。

（2）主体结构部分：各层所用的砂浆、混凝土强度等级，墙、柱与轴线的关系，梁、柱的配筋及节点做法，悬挑结构的锚固要求，楼梯间的构造，设备图和土建图上洞口尺寸及位置的关系。

（3）屋面及装饰方向：屋面防水节点做法，结构施工时为装饰施工提供的预埋件和预留洞口，内外墙和地面等材料及做法。

在熟悉图纸的过程中，发现问题应做出标记和记录，以便在图纸会审时提出。

2）图纸会审

图纸会审一般由建设单位组织,设计、施工及监理单位参加。会审时,先由设计单位进行图纸交底,然后各方提出问题。经过充分协商,统一意见,形成图纸会审纪要,由建设单位正式行文,参加会议的各单位盖章,作为与设计图纸同时使用的技术文件。图纸会审的主要内容如下:

(1)图纸设计是否符合国家有关技术规范,且符合经济合理、美观适用的原则。

(2)图纸及说明是否完整、齐全、清楚,图中的尺寸、标高是否准确,图纸之间是否矛盾。

(3)施工单位在技术上有无困难,能否确保质量和安全,装备条件是否能满足。

(4)地下与地上、土建安装、结构与装饰是否有矛盾,各种设备管道的布置对土建施工是否有影响。

(5)各种材料、配件、构件等采购供应是否有问题,规格、性质、质量等能否满足设计要求。

(6)图纸中不明确或有疑问处,设计单位是否能解释清楚。

(7)设计、施工中的合理化建议能否采纳。

2. 编制施工组织设计

施工组织设计是规划和指导施工全过程的综合性技术经济文件,是一项重要的施工准备工作。

施工组织总设计的编制内容主要有:工程概况;总体施工部署;施工总进度计划;总体施工准备与主要资源配置计划;主要施工方法;施工总平面布置;主要技术经济指标。

单位工程施工组织设计编制的内容主要有:工程概况和施工条件分析;施工准备工作计划;施工方案的选择;单位工程施工计划;单位工程施工平面图;技术与组织措施。

3. 编制施工图预算和施工预算

在设计交底和图纸会审的基础上,施工组织设计经监理工程师批准后,预算部门即可着手编制单位工程施工图预算和施工预算,以确定人工、材料和机械费用的支出,并确定人工数量、材料消耗数量及机械台班使用量。

1.4.3.3　施工现场的准备工作

施工现场的准备即通常所说的室外准备(外业准备),它包括拆除障碍物、“七通一平”、测量放线、搭设临时设施等内容。

1. 拆除障碍物

该工程一般由建设单位完成,也可委托给施工单位完成。拆除时,要弄清情况,尤其是原有障碍物复杂、资料不全时,应采取相应的措施,防止发生事故。

(1)施工现场内的一切地上、地下障碍物,都应在开工前拆除。

(2)对于房屋的拆除,一般只要把水源、电源切断后即可进行。若采用爆破的方法,必须经有关部门批准,需要由专业的爆破作业人员来完成。

(3)架空电线(电力、通信)、地下电缆(包括电力、通信)的拆除,要与电力部门或通信部门联系并办理有关手续后方可进行。

(4)自来水、污水、煤气、热力等管线的拆除,都应与有关部门取得联系,办好手续后由专业公司来完成。

（5）场地内若有树木,需报园林部门批准后方可砍伐。

（6）拆除障碍物后,留下的渣土等杂物都应清除出场外。

2."七通一平"

"七通一平"指的是土地（生地）在通过一级开发后,使其达到具备给水、排水、通电、通路、通信、通暖气、通天然气或煤气,以及场地平整的条件,使二级开发商可以进场后迅速开发建设。

1）给水通

给水通指的是规划区内自来水通畅。一般的设计要求能够满足正常生活工作需要。

2）排水通

排水通包括了规划区内的生活污水以及雨水的排放通畅。

3）电力通

电力通是指规划区内电缆铺设完毕,一般电力的要求能满足规划区内一般正常生活工作需要。

4）电信通

电信通是指园区内基本通信设施畅通,通信设施是指电话、传真、邮件、宽带网络、光缆等。

5）燃气通

燃气通是针对有需要天然气或煤气的规划区设定的标准,燃气使用要符合整体规划和使用量,符合城镇燃气输配工程施工及验收规范。

6）热力通

热力通是指规划区热力供应通畅。一般要求热力供应能满足规划区正常生活工作需要。

7）道路通

道路通是指规划区内通往城区的主干道和区内相互联系的支干道通畅。

8）场地平整

场地平整指将施工现场（红线范围内）的自然地面,通过人工或机械挖填改造成为设计需要的平面,使得施工现场基本平整,确保施工现场无障碍物,施工范围内树木砍伐、移植完毕。满足测量建筑物的坐标、标高、施工现场抄平放线的需要。

3.测量放线

这一工作是确定拟建工程平面位置的关键,施测中必须保证精度、杜绝错误。在测量放线前,应做好检验校正仪器、校核红线桩（规划部门给定的红线,在法律上起着控制建筑用地的作用）与水准点、制订测量放线方案（如平面控制、标高控制、沉降观测和竣工测量等）等工作。如发现红线桩和水准点有问题,应提请建设单位处理。

建筑物应通过设计图中的平面控制轴线来确定其轮廓位置,测定后提交有关部门和建设单位验线,以保证定位的准确性。沿红线的建筑物,还要由规划部门验线,以防止建筑物压红线或超红线。

4. 搭设临时设施

现场生活和生产用的临时设施,包括仓库、搅拌站、加工厂作业棚、宿舍、办公用房、食堂、文化生活设施等,应按施工平面布置图的要求进行搭设,临时建筑平面图及主要房屋结构图都应报请城市规划、市政、消防、交通、环境保护等有关部门审查批准。

为了安全及文明施工,应用围墙将施工用地围护起来,围墙的形式、材料和高度应符合市容管理的有关规定和要求,并在主要出入口设置标牌挂图,标明工程项目名称、施工单位、项目负责人等。

所有宿舍、办公用房、仓库、作业棚等,均应按批准的图纸搭建,不得乱搭乱建,并尽可能利用永久性工程。

1.4.3.4　生产资料的准备工作

生产资料的准备主要是物资资料的准备。施工物资的准备是指施工中必须有的劳动手段(施工机械、工具)和劳动对象(材料和构配件)等的准备,是一项复杂而又细致的工作。施工中所需的物资一般数量较大,能否保证按计划供应,对整个施工过程的工期、质量和成本,有着举足轻重的作用。所以,对物资供应应做事先的调查,尤其是对三大主要用材的调查。施工管理人员应尽早计算各阶段对材料、施工机具、施工机械等的需要量,并说明供应单位、交货地点、运输方式等。

1. 施工机具的准备

(1)根据施工组织设计中确定的施工方法、施工机具配备要求、数量及施工进度安排,编制施工机具需求量计划。

(2)对大型施工机械(如吊机、挖土机等),提出需求量和时间要求,并提前通知专用设备进场时间和做好衔接工作,确保机械准时运抵现场,做到进场后立即使用,用毕后立即退场,提高机械利用率,节省机械台班费及停留费,并做好施工现场准备工作。

(3)运输的准备。根据需求量计划,编制运输需求量计划,并组织落实运输工具。与外界进行协调,确定合理的运输路线。

2. 材料的准备

(1)根据施工组织设计中的施工进度计划和施工预算中的工料分析,编制工程所需材料用量计划,作为备料、供料和确定仓库、堆场面积及组织运输的依据。

(2)根据材料需求量计划,做好材料的申请、订货和采购工作,使计划得以落实。特别是对于预制构件,必须尽早地从施工图中摘录出构件的规格、质量、品种和数量,制表造册,向预制加工厂订货并确定分批交货清单、交货地点及时间。

(3)组织材料按计划进场,并做好验收保管工作。

3. 构配件及设备加工订货准备

(1)根据施工进度计划及施工预算所提供的各种构配件及设备数量,做好翻样加工工作,并编制相应的需求量计划。

(2)根据需求量计划,向有关厂家提出加工订货计划要求,并签订订货合同,确定产品质量技术验收标准。

(3)组织构配件和设备按计划进场,按施工平面布置图做好存放及保管工作。

1.4.3.5 施工现场人员的准备工作

1. 项目管理人员的配备

项目管理人员应视工程规模和难易程度而定。一般单位工程,可设一名项目经理,配备施工员(工长)及材料员等人员即可;大型的单位工程或建筑群,需配备一套项目管理班子,包括施工、技术、材料、计划等管理班子。

2. 基本施工队伍的确定

根据工程特点,选择恰当的劳动组织形式。土建施工队伍是混合队伍形式,其特点是人员配备少,工人以本工种为主兼做其他工作;工序之间搭接比较紧凑,劳动效率高。如砖混结构的主体阶段主要以瓦工为主,配有架子工、木工、钢筋工、混凝土工及机械工;装修阶段则以抹灰工为主,配有木工、电工等。对装配式结构,则以结构吊装为主,配备适当的电焊工、木工、钢筋工、混凝土工、瓦工等。对全现浇结构,混凝土工是主要工种,由于采用工具式模板,操作简便,所以不一定配备木工,只要有一些熟练的操作人员即可。

3. 专业施工队伍的组织

机电及消防、空调、通信系统等设备,一般由生产厂家进行安装和调试,有的施工项目需要机械化施工公司承担,如土石方、吊装工程等。这些都应在施工准备中以承包合同的形式予以明确,以便组织施工队伍。

4. 外包施工队伍的组织

由于建筑市场的开放及用工制度的改变,施工单位仅靠本身的力量来完成各项施工任务已不能满足要求,要组织外包施工队伍共同承担。外包施工队伍大致有独立承担单位工程的施工,承担分部、分项工程的施工,参与施工单位的班组施工三种形式。

1.4.3.6 冬、雨期施工的准备工作

1. 冬期施工准备工作

1)冬期施工时间的确定

当室外日平均气温连续 5 d 稳定低于 5 ℃即进入冬期施工。室外日平均气温连续 5 d 稳定高于 5 ℃即解除冬期施工。为了便于工程管理和根据不同气温调整技术措施,当平均气温为 0 ℃左右,最低温度在 −5 ℃左右时,此阶段一般采用低蓄热法施工。

2)冬期施工准备工作

(1)项目部成立冬期施工领导小组,负责组织冬期工程施工的生产技术质量、安全管理和冬期施工物资的供应,负责冬期施工工作的协调组织,并明确责任,确保冬期施工中,各项工作及时有效的进行,避免由于冬期施工工作组织不到位给生产进度、工程质量、安全施工造成影响。进入冬期施工前应采取一定的措施以满足施工要求,防止突然的降霜、寒流等对混凝土造成伤害,现场准备工作包括:

①排除现场积水,疏通施工现场内的排水沟,做好排水措施,对现场进行必要的修理、平整;清走杂物垃圾和无用的废料,保证消防道路的畅通。

②普查一遍机械设备和临时设施,该保养的保养,该保温的保温,该检修的检修,不用的及时清退出现场;做好施工机械防冻液的添加。

③施工现场水管、阀门井、消防栓、龙头等做好保温。

④做好现场养护室的保温工作。

⑤做好职工生活区取暖保温的准备工作。

(2)施工技术准备工作。

①根据现场特点编制行之有效的冬期施工方案,选择合理的施工方法,确保冬期施工安全,实现冬期施工现场的文明施工。

②组织审定冬期施工方案,并逐级进行施工技术交底。

③与商品混凝土搅拌站进行书面交底,交底内容应包括混凝土出料温度、到达现场温度、防冻剂类型及掺加时间、混凝土坍落度等要求。

④冬期施工人员培训。冬期施工管理人员通过培训了解本工程的冬期施工任务、特点,在组织生产过程中能够安排劳动力,及时做好冬期施工准备工作,使生产从常温顺利进入冬期施工。避免因气温突变造成质量事故或停产,施工管理人员通过培训和技术交底,必须掌握如下工作要点:了解当天的天气预报和测温报告;检查分部、分项工程冬期施工保温措施落实情况;检查冬期施工安全措施执行情况;冬期施工过程中发现问题,及时反馈信息。

3)冬期施工物资准备

(1)根据实物工程量提前组织有关机具、外加剂和保温材料进场。备好彩条布、防火帘、塑料布等作为施工作业面及周边环境的保温材料。

(2)外加剂:本工程混凝土采用商品混凝土,重点检查商品混凝土外加剂的资质证明及检查报告等文件。混凝土防冻剂生产厂家必须具备有关部门批准的生产资格,材料应有当年的检查报告和合格证明。

2. 雨期施工准备工作

1)组织管理准备

(1)对全体职工及外部施工队伍人员进行雨期施工安全教育,提高每个职工的安全意识和质量意识,防止发生工程事故和人员触电、高空坠物、物体打击及淹亡等安全事故。

(2)组织贯彻落实雨期施工技术、安全措施,落实劳动力、材料、机具计划。

(3)做好气象预报的收集工作,以便根据天气变化情况及时调整施工部署。

2)施工现场准备

(1)施工现场做好疏排水工作,合理确定雨水流向。材料场地的排水坡度应不小于3%,确保雨期道路畅通,材料不被冲淹。

(2)对材料库房等现场暂设工程进行一次检查维修,做到不渗不漏,周围不积水,防止雨期地基下沉和房屋倒塌。材料库房门口砌筑200 mm高门槛,防止库房内材料被泡。

(3)现场临电设备要进行一次全面检查,使之符合规定,对塔吊基础周围做好排水,并要经常检查,定期观测沉降情况,做好记录,发现隐患要及时报告项目部。

(4)雨期施工对护坡要进行一次仔细检查,安全、技术、监理人员参加。有掉皮、塌落的部位应该及时通知原护坡施工单位进行修补处理,全部处理完成后每个栋号应组织有关人员进行验收。

(5)砂子、石子、回填土等松散材料,堆放地周围应加以围护,防止被雨水冲散。

3)技术准备

(1)雨期施工前要进行一次控制桩及水准点校核,雨期施工期间要定期校核,防止发生沉降、位移并做好记录。

（2）雨期施工前，由项目部及时组织负责人对相关人员做雨期施工方案技术交底，工长对班组做各种安全技术交底工作。

（3）由工长根据实际情况编制雨期材料机具需用量计划报材料组。

4）材料机具准备

（1）按照材料机具计划组织料具进场、分类保管并设置标识，以备急需使用。

（2）现场堆放材料场地要平整、坚实，料下应加垫木码放，离地高度300 mm，数量符合规定，防止下沉和倒塌，避免损坏材料，造成浪费。

（3）水泥、白灰、方木、面板等怕湿怕潮材料要及时入库，防止受潮变形。

（4）水泥严格执行"先进先用"原则，防止水泥过期受潮结块。

5）生活准备

（1）对职工进行雨期施工安全教育，提高安全意识，杜绝伤亡事故。

（2）对办公室、宿舍、食堂等现场暂设工程进行一次检查维修，做到不渗不漏，周围不积水，防止雨期地基下沉和房屋倒塌。

（3）做好开水供应工作，杜绝食物中毒，减少疾病。

（4）生活区要统一管理，做到整齐、清洁、卫生。

习　题

一、填空题

1. 建设项目一般按组成内容从大到小分为_____、_____、_____、_____。

2. 根据施工组织设计编制的广度、深度和作用的不同，施工组织设计一般可分为施工组织总设计、_____、_____。

3. 施工现场准备工作中的"七通一平"分别是指_____、_____、_____、_____、_____、_____、_____、_____。

4. 施工现场出入口的明显位置应按要求设置"五牌一图"，其分别是指_____、_____、_____、_____、_____、_____。

5. 施工现场四周必须采用封闭围挡，市区主要路段的围挡高度不得低于_____ m，一般路段围挡高度不得低于_____ m。

二、判断题

1. 施工组织设计是用来指导拟建工程施工全过程的技术文件、经济文件和组织文件。（　　）

2. 施工准备工作具有阶段性，必须在拟建工程开工之前做完。（　　）

3. 建筑工程产品是固定的，所以生产也是固定的。（　　）

三、单项选择题

1. 基本建度程序正确的是(　　)。
   A. 投资决策→设计→施工招投标→施工→竣工决算
   B. 投资决策→施工招投标→设计→施工→竣工决算
   C. 设计→投资决策→施工招投标→施工→竣工决算
   D. 设计→施工招投标→投资决策→施工→竣工决算

2. 根据《建筑工程冬期施工规程》(JGJ/T 104—2011)的规定,当室外日平均气温连续5 d稳定低于(　　)℃即进入冬期施工。
   A. 0　　　　　　　B. 5　　　　　　　C. −5　　　　　　D. 10

3. 施工组织设计是用以指导项目进行(　　)的全面技术经济文件。
   A. 施工准备　　　　　　　　B. 正常施工
   C. 招标　　　　　　　　　　D. 施工准备和正常施工

四、思考题

某小区住宅楼工程,建筑面积43 177 m²,地上9层,结构形式为全现浇剪力墙结构,基础为带形基础。建设单位为某房地产开发有限公司,设计单位为某设计研究院,监理单位为某监理公司,施工单位为该市某建设集团公司,材料供应为某贸易公司。

问题:(1)施工单位如何做好施工准备工作?
　　　(2)施工准备工作计划的内容有哪些?

项目2 流水施工组织

任务 2.1 施工组织方式选用

在组织建筑工程施工时，首先遇到的问题是施工组织方式的选用问题。常见的施工组织方式有依次施工、平行施工、流水施工，不同的施工组织方式，有不同的特点。现将三种施工组织方式介绍如下。

2.1.1 依次施工

依次施工也称为顺序施工，是将拟建工程划分为若干个施工过程，每个施工过程按施工工艺流程顺次进行施工，前一个施工过程完成后，后一个施工过程才开始施工。依次施工是一种最基本、最原始的施工组织方式。

【例 2-1】 某 4 幢同类建筑的基础工程，均划分为基槽挖土方、混凝土垫层、砖砌基础、基槽回填土四个施工过程，每个施工过程安排一个施工队，采用一班制。基础工程施工资料如表 2-1 所示。

表 2-1　基础工程施工资料表

序号	施工过程	施工班组数	班组人数	工作时间(d)
1	基槽挖土方	1	16	2
2	混凝土垫层	1	30	1
3	砖砌基础	1	20	3
4	基槽回填土	1	10	1

按照依次施工组织方式施工,进度计划安排如图 2-1、图 2-2 所示。

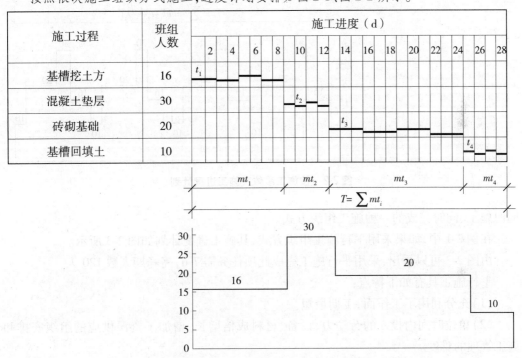

图 2-1　按施工过程依次施工进度计划

由图 2-1、图 2-2 可以看出,采用依次施工完成此项任务需 28 d,高峰期人数 30 人。依次施工具有如下特点:

(1)现场作业单一。

(2)每天投入的资源量少,但工期长。

(3)各专业施工队不能连续施工,产生窝工现象。

(4)不利于均衡组织施工。

2.1.2　平行施工

平行施工是在施工任务紧迫、工作面允许以及资源供应充足的情况下,可以组织几个相同的工作队,在同一时间、不同空间上进行施工,使全部工程任务的各施工段同时开工、

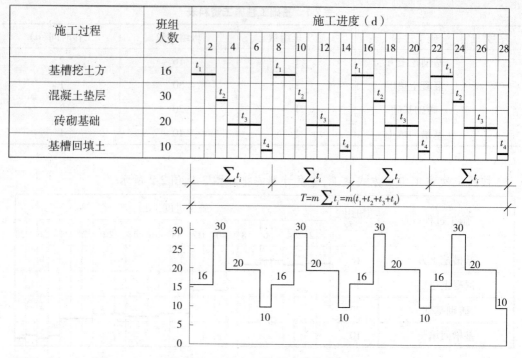

图2-2　按施工段依次施工进度计划

同时施工、同时完成的一种施工组织方式。

在例 2-1 中，如果采用平行施工组织方式，其施工进度计划如图 2-3 所示。

由图 2-3 可以看出，采用平行施工完成此项任务需 7 d，高峰期人数 120 人。

平行施工具有如下特点：

（1）充分利用了工作面，工期最短。

（2）单位时间内投入的劳动力、设备、材料成倍增长，增加了资源供应的组织安排和施工管理的难度。

（3）施工班组及工人不能连续作业。

（4）施工班组不能专业化生产，不利于改进工人的操作方法和施工机具，不利于提高工程质量和提高劳动生产率。

2.1.3　流水施工

流水施工是指所有的施工过程按照一定的时间间隔依次投入施工，各个施工过程陆续开工、陆续竣工，使同一施工过程的施工队保持连续、均衡施工，不同的施工过程尽可能用平行搭接施工的组织方式。

在例 2-1 中，如果采用流水施工组织方式，其施工进度计划如图 2-4 所示。

由图 2-4 可以看出，采用流水施工完成此项任务需 19 d，高峰期人数 66 人。

流水施工具有如下特点：

（1）科学地利用了工作面，争取了时间，总工期趋于合理。

施工过程	施工班组数	班组人数	施工进度（d）						
			1	2	3	4	5	6	7
基槽挖土方	4	16	▬	▬					
混凝土垫层	4	30			▬				
砖砌基础	4	20				▬	▬	▬	
基槽回填土	4	10							▬

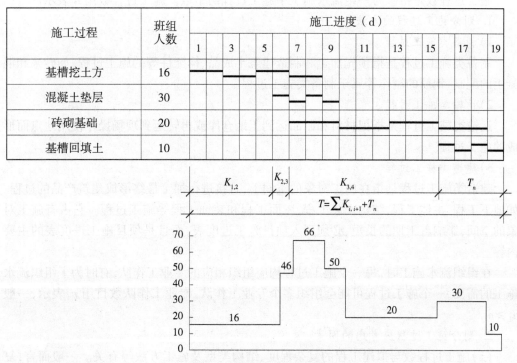

图 2-3　平行施工进度计划

施工过程	班组人数	施工进度（d）									
		1	3	5	7	9	11	13	15	17	19
基槽挖土方	16										
混凝土垫层	30										
砖砌基础	20										
基槽回填土	10										

图 2-4　流水施工进度计划

（2）工作队及其工人实现了专业化生产，有利于改进操作技术，可以保证工程质量和提高劳动生产率。

（3）工作队及其工人能够连续作业，相邻两个专业工作队之间，可实现合理搭接。

（4）每天投入的资源量较为均衡，有利于资源供应的组织工作。

（5）为现场文明施工和科学管理创造了有利条件。

上述经济效果都是在不需要增加任何费用的前提下取得的，可见，流水施工是实现施工管理科学化的重要组成内容，是与建筑设计标准化、施工机械化等现代施工内容紧密联系、相互促进的，是实现企业进步的重要手段。

任务 2.2　流水施工基本参数确定

在组织拟建工程项目流水施工时，用以表达流水施工在工艺流程、空间布置和时间安排等方面开展状态的参数，称为流水参数。它主要包括工艺参数、空间参数和时间参数三类。

2.2.1　工艺参数

在组织流水施工时，用以表达流水施工在施工工艺上开展顺序及其特征的参量，称为工艺参数。

2.2.1.1　施工过程数

施工过程数是指参与一组流水施工中施工过程的个数。施工过程数用 n 表示。

1. 划分施工过程的方法

1）制备类施工过程

制备类施工过程是指预先加工和制造建筑半成品、构配件等的施工过程，如砂浆和混凝土的配制、钢筋的制作等属于制备类施工过程。

2）运输类施工过程

运输类施工过程是指把材料和制品运到工地仓库或再转运到现场操作使用地点而形成的施工过程。

3）建造类施工过程

建造类施工过程是指在施工对象的空间上，直接进行加工最终形成建筑产品的过程。如地下工程、主体工程、结构安装工程、屋面工程和装饰工程等施工过程。它占有施工对象的空间，影响着工期的长短，必须列入项目施工进度表，而且是项目施工进度表的主要内容。

在组织流水施工时，每一个施工过程均应组织相应的专业工作队，有时为了组织流水施工的需要，一个施工过程可能会组织多个专业工作队，专业工作队数目用 n_1 表示，一般 $n_1 \geqslant n$。

2. 划分施工过程应考虑的因素

（1）施工过程数与拟建工程的复杂程度、结构类型及施工方法等有关。一般而言，复杂工程施工过程应划分得细些，简单工程则要粗些。

（2）施工过程数量要适当,以便组织流水施工。施工过程少,也就是划分得过粗,相应地需要划分的流水段就多,达不到好的流水效果;反之,施工过程过多,需要的施工专业队就越多,这样也达不到好的效果。

（3）要先找出主导施工过程,以便抓住流水作业的关键环节。主导施工过程是对工期影响最大或对整个流水施工起决定性作用的施工过程,如需要配备大型施工机械的施工过程。

施工过程可以是工序,也可以是分部分项工程、单位工程,应根据进度计划的粗细具体确定。

2.2.1.2　流水强度

流水强度又称流水能力、生产能力,即某一施工过程在单位时间内所完成的工程量。一般用 V_i 表示。流水强度又分为机械施工过程流水强度和人工施工过程流水强度两种。

1. 机械施工过程流水强度

$$V_i = \sum_{i=1}^{x} R_i S_i \qquad (2\text{-}1)$$

式中　V_i——某施工过程 i 的机械操作流水强度;

R_i——投入施工过程 i 的某种主要施工机械台数;

S_i——投入施工过程 i 的某种主要施工机械产量定额;

x——投入施工过程 i 的主要施工机械种类。

2. 人工施工过程流水强度

$$V'_i = R'_i S'_i \qquad (2\text{-}2)$$

式中　V'_i——某施工过程 i 的人工操作流水强度;

R'_i——投入施工过程 i 的班组人数;

S'_i——投入施工过程 i 的班组平均产量定额。

2.2.2　空间参数

在组织流水施工时,用以表达流水施工在空间布置上所处状态的参数,称为空间参数。空间参数主要包括工作面和施工段数。

2.2.2.1　工作面

某专业工种的工人在从事建筑产品生产加工过程中,必须具备一定的活动空间,这个活动空间称为工作面。工作面的大小是根据专业工种单位时间内的产量定额、工程操作规程和安全规程等的要求确定的。工作面确定合理与否,直接影响到专业工种工人的劳动生产效率,对此,必须认真加以对待,合理确定。表 2-2 列出了常用工种工作面参考数据。

2.2.2.2　施工段数

组织流水施工时,将拟建工程在平面上或空间上划分为若干个劳动量大致相等的施工区段,称为施工段。施工段数一般用 m 表示。

划分施工区段的目的,就在于保证不同的施工队组能在不同的施工段上进行施工,消灭由于不同施工队组不能同时在一个工作面上工作而产生的互等、停歇现象,为流水创造条件。划分施工段的基本要求如下：

表2-2　常用工种工作面参考数据

工作项目	每个技工的工作面	说明
砖基础	7.6 m/人	以1.5砖计；2砖乘以0.8；3砖乘以0.55
砌砖墙	8.5 m/人	以1砖计；1.5砖乘以0.71；3砖乘以0.57
毛石墙基	3 m/人	以60 cm计
毛石墙	3.3 m/人	以40 cm计
混凝土柱、墙基础	8 m³/人	机拌、机捣
混凝土设备基础	7 m³/人	机拌、机捣
现浇钢筋混凝土柱	2.45 m³/人	机拌、机捣
现浇钢筋混凝土梁	3.2 m³/人	机拌、机捣
现浇钢筋混凝土墙	5 m³/人	机拌、机捣
现浇钢筋混凝土楼板	5.3 m³/人	机拌、机捣
预制钢筋混凝土柱	3.6 m³/人	机拌、机捣
预制钢筋混凝土梁	3.6 m³/人	机拌、机捣
预制钢筋混凝土屋架	2.7 m³/人	机拌、机捣
预制钢筋混凝土平板、空心板	1.91 m³/人	机拌、机捣
预制钢筋混凝土大型屋面板	2.62 m³/人	机拌、机捣
混凝土地坪及屋面	40 m²/人	机拌、机捣
外墙抹灰	16 m²/人	
内墙抹灰	18.5 m²/人	
卷材屋面	18.5 m²/人	
防水水泥砂浆屋面	16 m²/人	
门窗安装	11 m²/人	

（1）施工段的数目要合理。施工段数过多势必要减少人数，工作面不能充分利用，拖长工期；施工段数过少，则会引起劳动力、机械和材料供应过分集中，有时还会造成"断流"的现象。

（2）各施工段的劳动量（或工程量）要大致相等（相差宜在15%以内），以保证各施工队组连续、均衡、有节奏地施工。

（3）要有足够的工作面，使每一施工段所能容纳的劳动力人数或机械台数能满足合理劳动组织的要求。

（4）要有利于结构的整体性。施工段分界线宜划在伸缩缝、沉降缝以及对结构整体性影响较小的位置。

（5）以主导施工过程为依据进行划分。例如在混合结构房屋施工中，就是以砌砖、楼板安装为主导施工过程来划分施工段。而对于整体的钢筋框架结构房屋，则是以钢筋混凝土工程为主导施工过程来划分施工段的。

（6）当组织流水施工对象有层间关系，分层分段施工时，应使各施工队组能连续施工。即施工过程的施工队组做完第一段能立即转入第二段，施工完第一段的最后一段能立即转入第二层的第一段，因此每层的施工段数必须大于或等于其施工过程数，即 $m \geq n$。

2.2.3　时间参数

在组织流水施工时，用以表达流水施工在时间排序上的参数，称为时间参数。时间参数主要包括流水节拍、流水步距、平行搭接时间、技术间歇时间、组织间歇时间、工期等。

2.2.3.1　流水节拍

在组织流水施工时，每个专业工作队在各个施工段上完成相应的施工任务所需的工作持续时间，称为流水节拍，通常用 t 来表示。它是流水施工的基本参数之一。

1. 确定流水节拍的基本方法

流水节拍的确定，常用的基本方法有定额计算法、经验估算法和工期计算法。

1）定额计算法

根据各施工段的工程量及能够投入的资源量（工人数、机械台班数和材料量等），按下式计算。

$$t_i = \frac{Q_i}{S_i R_i N_i} = \frac{P_i}{R_i N_i} \tag{2-3}$$

式中　t_i——专业工作队在某施工段 i 上的流水节拍；

$\quad\quad Q_i$——专业工作队在某施工段 i 上的工程量；

$\quad\quad S_i$——专业工作队每工日或每台班的产量定额；

$\quad\quad R_i$——专业工作队的施工班组人数或机械台数；

$\quad\quad N_i$——专业工作队的工作班次；

$\quad\quad P_i$——某一施工段上完成施工过程所需的劳动量或机械台班量。

2）经验估算法

它是根据以往的施工经验进行估算。为了提高其准确程度，往往先估算出该流水节拍的最长、最短和正常（最可能）三种时间，然后据此求出期望时间作为某专业工作队在某施工段的流水节拍，按下式计算。

$$t_i = \frac{a + 4c + b}{6} \tag{2-4}$$

式中　t_i——某施工过程在某施工段上的流水节拍；

$\quad\quad a$——某施工过程在某施工段上的最短估算时间；

$\quad\quad b$——某施工过程在某施工段上的最长估算时间；

$\quad\quad c$——某施工过程在某施工段上的正常估算时间。

3）工期计算法

对某些施工任务在规定日期内必须完成的工程项目，往往采用倒排进度法。具体步骤如下：首先，根据工期倒排进度，确定某施工过程的工作持续时间；其次，根据下式确定某施工过程在某施工段上的流水节拍。

$$t_i = \frac{T_j}{m_j} \tag{2-5}$$

式中　t_i——某施工过程在某施工段 i 上的流水节拍；

$\quad\quad T_j$——某施工过程 j 的工作持续时间；

m_j——某施工过程 j 划分的施工段数。

2. 确定流水节拍应考虑的因素

（1）施工队组人数应符合该施工过程最小劳动组合人数的要求。所谓最小劳动组合，就是指某一施工过程进行正常施工所必需的最低限度的队组人数及其合理组合。如模板安装就要按技工和普工的最少人数及合理比例组成施工队组，人数过少或比例不当都将引起劳动生产率的下降，甚至无法施工。

（2）要考虑工作面的大小或某种条件的限制。施工队组人数不能太多，每个工人的工作面要符合最小工作面的要求。否则，就不能发挥正常的施工效率或不利于安全生产。

（3）要考虑各种机械台班的效率或机械台班产量的大小。

（4）要考虑各种材料、构配件等施工现场堆放量、供应能力及其他有关条件的制约。

（5）要考虑施工及技术条件的要求。例如，浇筑混凝土为了连续施工有时要按三班制决定流水节拍，以确保工程量。

（6）确定一个分部工程各个施工过程的流水节拍时，首先应考虑主要的、工程量大的施工过程的节拍，其次确定其他施工过程的节拍。

（7）节拍值一般取整数，必要时可保留 0.5 d（台班）的小数值。

2.2.3.2　流水步距

在组织流水施工时，相邻两个专业工作队在保证施工顺序、满足连续施工、最大限度地搭接和保证工程质量要求的条件下，相继投入施工的最小时间间隔，称为流水步距。流水步距用 $K_{i,i+1}$ 来表示，流水步距不包括搭接时间和间歇时间，它是流水施工的基本参数之一。

流水步距的大小，对工期有着较大的影响。一般说来，在施工段不变的条件下，流水步距越大，工期越长，流水步距越小，则工期越短。流水步距还与前后两个相邻施工过程流水节拍的大小、施工工艺技术要求、施工段数目、流水施工组织方式有关。

确定流水步距的基本要求如下：

（1）主要施工队组连续施工的需要。流水步距的最小长度，必须使主要施工专业队组进场以后，不发生停工、窝工现象。

（2）施工工艺的要求。保证每个施工段的正常作业程序，不发生前一个施工过程尚未全部完成，而后一个施工过程提前介入的现象。

（3）最大限度搭接的要求。流水步距要保证相邻两个专业队在开工时间上最大限度地、合理地搭接。

（4）要保证工程质量，满足安全生产、成品保护的需要。

2.2.3.3　平行搭接时间

在组织流水施工时，有时为了缩短工期，在工作面允许的条件下，如果前一个专业工作队完成部分施工任务后，能够提前为后一个专业工作队提供工作面，后者提前进入前一个施工段，两者在同一施工段上平行搭接施工，这个搭接的时间称为平行搭接时间，通常用 $C_{i,i+1}$ 来表示。

2.2.3.4　技术间歇时间

在组织流水施工时，有些施工过程完成后，后续施工过程不能立即投入施工，必须有足够的间歇时间。由建筑材料或现浇构件工艺性质决定的间歇时间称为技术间歇,如现浇混凝土构件养护时间、抹灰层和油漆层的干燥硬化时间等,通常用 $Z_{i,i+1}$ 来表示。

2.2.3.5 组织间歇时间

由施工组织原因造成的间歇时间称为组织间歇时间,如回填土前地下管道检查验收、施工机械转移和砌墙前墙身位置弹线,以及其他作业前准备工作,通常用 $G_{i,i+1}$ 来表示。

2.2.3.6 工期

工期是指为完成一项工程任务或一个流水组施工所需的全部工作时间,一般用 T 表示。

任务 2.3 流水施工组织方式选用

根据流水施工节奏特征的不同,流水施工的基本方式分为有节奏流水施工和无节奏流水施工两大类,有节奏流水施工又可分为等节奏流水施工和异节奏流水施工。

2.3.1 等节奏流水施工

等节奏流水施工是指在有节奏流水施工中,各施工过程的流水节拍都相等的流水施工,也称为固定节拍流水施工或全等节拍流水施工。

2.3.1.1 等节奏流水施工的特点

(1)所有施工过程在各施工段上的流水节拍均相等。

(2)相邻施工过程的流水步距相等,且等于流水节拍。

(3)专业工作队等于施工过程数,即每一个施工过程成立一个专业工作队,由该队完成相应施工过程所有施工任务。

(4)各个专业工作队在各施工段上能够连续作业,施工段之间没有空闲时间。

2.3.1.2 工期计算

等节奏流水施工的工期计算公式为

$$T = (m + n - 1)t + \sum Z + \sum G - \sum C \tag{2-6}$$

式中　m——施工段数;

　　　n——施工过程数;

　　　t——流水节拍;

　　　$\sum Z$——技术间歇时间;

　　　$\sum G$——组织间歇时间;

　　　$\sum C$——平行搭接时间。

【例 2-2】 某工程包括四幢完全相同的砖混住宅楼,以每个单幢为一个施工流水段组织单位工程流水施工,已知:地面 ±0.00 m 以下部分有四个施工过程,分别为土方开挖、基础施工、底层预制板安装、回填土,四个施工过程的流水节拍均为 2 周,试组织等节奏流水施工。

解:工期计算如下:

施工段数：$m = 4$

施工过程数：$n = 4$

流水节拍：$t = 2$ 周

$$T = (m + n - 1)t + \sum Z + \sum G - \sum C$$
$$= (4 + 4 - 1) \times 2$$
$$= 14(周)$$

施工进度计划图如图 2-5 所示。

施工过程	施工进度（周）													
	1	2	3	4	5	6	7	8	9	10	11	12	13	14
土方开挖														
基础施工														
底层预制板安装														
回填土														

图 2-5　施工进度计划图

2.3.2　异节奏流水施工

异节奏流水施工是指在有节奏流水施工中，各施工过程的流水节拍各自相等而不同施工过程之间的流水节拍不尽相等的流水施工。在组织异节奏流水施工时，又可以采用等步距和异步距两种方式。

2.3.2.1　异节奏流水施工的特点

1. 等步距异节奏流水施工的特点

（1）同一施工过程在各个施工段上的流水节拍均相等，不同施工过程的流水节拍不等。

（2）相邻施工过程的流水步距相等，且等于流水节拍的最大公约数。

（3）专业队数大于施工过程数。

（4）各个专业工作队在施工段上能够连续作业，施工段间没有间隔时间。

2. 异步距异节奏流水施工的特点

（1）同一施工过程在各个施工段上的流水节拍均相等，不同施工过程之间的流水节拍不尽相等。

（2）相邻施工过程之间的流水步距不尽相等。

（3）专业工作队数等于施工过程数。

（4）各个专业工作队在施工段上能够连续作业，施工段间没有间隔时间。

2.3.2.2　工期计算

异节奏流水施工的工期计算公式为

$$T = (m + n' - 1)K + \sum Z + \sum G - \sum C \tag{2-7}$$

式中　m——施工段数；

n'——专业队总数；

K——流水步距；

$\sum Z$——技术间歇时间；

$\sum G$——组织间歇时间；

$\sum C$——平行搭接时间。

【例2-3】 某工程包括四幢完全相同的砖混住宅楼,以每个单幢为一个施工流水段组织单位工程流水施工,已知:地上部分有三个施工过程,分别为主体结构、装饰装修、室外工程,三个施工过程的流水节拍分别为4周、4周、2周,试组织异节奏流水施工。

解: 工期计算如下:

施工段数: $m = 4$

施工过程数: $n = 3$

流水步距: $K = \min(4, 4, 2) = 2(周)$

专业队数: $b_1 = 4/2 = 2$, $b_2 = 4/2 = 2$, $b_3 = 2/2 = 1$

专业队总数: $n' = 2 + 2 + 1 = 5$

$$T = (m + n' - 1)K + \sum Z + \sum G - \sum C$$
$$= (4 + 5 - 1) \times 2$$
$$= 16(周)$$

施工进度计划图如图2-6所示。

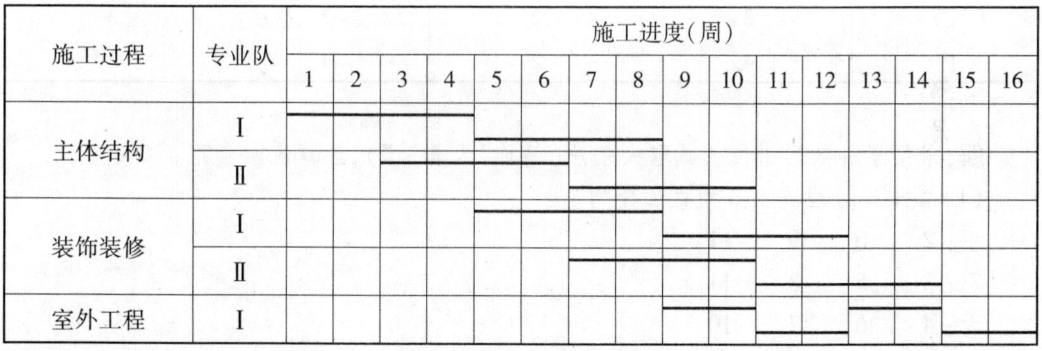

施工过程	专业队	施工进度(周)															
		1	2	3	4	5	6	7	8	9	10	11	12	13	14	15	16
主体结构	Ⅰ																
	Ⅱ																
装饰装修	Ⅰ																
	Ⅱ																
室外工程	Ⅰ																

图2-6 施工进度计划图

2.3.3 无节奏流水施工

无节奏流水施工是指在组织流水施工时,全部或部分施工过程在各个施工段上流水节拍不相等的流水施工。这种施工是流水施工中最常见的一种。

2.3.3.1 无节奏流水施工的特点

(1)各施工过程在各施工段的流水节拍不全相等。

(2)相邻施工过程的流水步距不尽相等。

(3)专业工作队数等于施工过程数。

(4)各专业工作队能够在施工段上连续作业,但有的施工段间可能有间隔时间。

2.3.3.2 工期的计算

无节奏流水施工的工期计算公式为

$$T = t_n + \sum K + \sum Z + \sum G - \sum C \tag{2-8}$$

式中　t_n——最后一个施工过程的流水节拍;

$\sum K$——流水步距之和;

$\sum Z$——技术间歇时间;

$\sum G$——组织间歇时间;

$\sum C$——平行搭接时间。

【例2-4】　某拟建工程由甲、乙、丙三个施工过程组成,该工程共划分成四个施工流水段,每个施工过程在各个施工流水段上的流水节拍如表2-3所示。按相关规范规定,施工过程乙完成后相应施工段至少要养护2 d,才能进入下道工序。为了尽早完工,经过技术攻关,实现施工过程乙在施工过程甲完成之前1 d提前插入施工。试组织无节奏流水施工。

表2-3　各施工段流水节拍

施工过程	流水节拍(d)			
	施工段一	施工段二	施工段三	施工段四
甲	2	4	3	2
乙	3	2	3	3
丙	4	2	1	3

解:采用累加数列错位相减取大差法(简称"大差法"),计算流水步距。

(1)各施工过程流水节拍累加数列。

甲:2　6　9　11

乙:3　5　8　11

丙:4　6　7　10

(2)用错位相减取大差法计算流水步距。

$K_{甲,乙}$　2　6　9　11

　　$-)$　　　3　5　8　　11

　　　　　　　2　3　4　3　-11

所以,$K_{甲,乙}$ = 4 d

$K_{乙,丙}$　3　5　8　11

　　$-)$　　　4　6　7　　10

　　　　　　　3　1　2　4　-10

所以，$K_{乙,丙} = 4$ d

则总工期：

$$T = t_n + \sum K + \sum Z + \sum G - \sum C$$

$$= 4 + 2 + 1 + 3 + 4 + 4 + 2 - 1$$

$$= 19(\text{d})$$

施工进度计划图如图 2-7 所示。

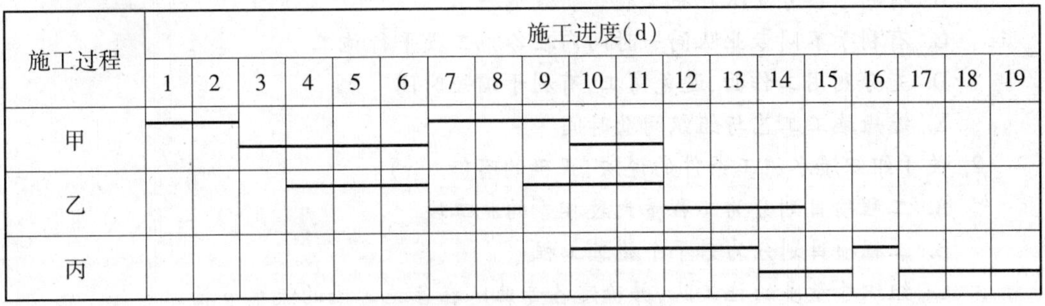

施工过程	施工进度(d)																		
	1	2	3	4	5	6	7	8	9	10	11	12	13	14	15	16	17	18	19
甲																			
乙																			
丙																			

图 2-7　施工进度计划图

习　题

一、单项选择题

1. (　　)来源于工业生产中的流水作业，它是组织施工的一种科学方法。

　　A. 平行施工　　B. 依次施工　　C. 流水施工　　D. 搭接施工

2. (　　)是指工程对象在组织流水施工中所划分的施工过程数目。

　　A. 工艺参数　　B. 时间参数　　C. 空间参数　　D. 网络参数

3. 下列(　　)参数为时间参数。

　　A. 施工段数　　B. 施工过程数　　C. 流水强度　　D. 流水步距

4. 设某工程由挖基槽、浇垫层、基础、回填土四个有工艺顺序关系的施工过程组成，它们的流水节拍均为 2 d，若施工段数取为 2 段，则其流水工期为(　　)d。

　　A. 4　　　　　B. 6　　　　　C. 8　　　　　D. 10

5. 下列(　　)不是流水施工的特点。

　　A. 工期最短　　　　　　　　B. 工作面充分利用

　　C. 工期适中　　　　　　　　D. 劳动生产率高

6. 关于流水步距的说法，正确的是(　　)。

　　A. 第一个专业队与其他专业队开始施工的最小间隔时间

　　B. 第一个专业队与最后一个专业队开始施工的最小时间间隔

　　C. 相邻专业队相继开始施工的最小时间间隔

　　D. 相邻专业队相继开始施工的最大时间间隔

7. 属于流水施工中空间参数的是( )。

    A. 流水强度   B. 施工队数   C. 施工段数   D. 施工过程数

二、多项选择题

1. 组织流水施工时,划分施工段的主要目的有( )。

    A. 可增加更多的专业队

    B. 有利于各专业队在施工段组织流水施工

    C. 有利于不同专业队同一时间内在各施工段平行施工

    D. 充分利用工作面、避免窝工,有利于缩短时间

    E. 缩短施工工艺与组织间歇时间

2. 关于组织流水施工条件的说法,正确的有( )。

    A. 工程项目划分为工程量大致相等的施工段

    B. 工程项目划分为若干个施工工程

    C. 组织尽量多的施工队,并确定各专业队在各施工段的流水节拍

    D. 不同专业队完成施工过程的时间适当搭接起来

    E. 各专业队连续作业

3. 下列属于流水施工时间参数的有( )。

    A. 工期   B. 施工段数   C. 流水节拍   D. 流水步距   E. 施工过程数

4. 组织流水施工时,如果按专业成立专业工作队,则其特点有( )。

    A. 各专业队在各施工段均可组织流水施工

    B. 只有一个专业队在各施工段组织流水施工

    C. 各专业队可按施工顺序实现最大搭接

    D. 有利于提高劳动生产率和施工质量

    E. 同一时间段只能有一个专业队投入流水施工

三、综合题

1. 某分部工程可划分为 A、B、C 三个施工过程,每个施工过程可以划分为 3 个施工段,流水节拍为 3 d,试组织等节奏流水施工,要求绘制横道图并计算工期。

2. 已知某分部工程分为 A、B、C 三个施工过程,划分为 6 个施工段,施工过程 A 的流水节拍为 2 d,施工过程 B 的流水节拍为 6 d,施工过程 C 的流水节拍为 4 d,试组织成倍节拍流水施工并绘制施工进度计划。

3. 某工程由 A、B、C、D 四个施工过程组成,划分为 4 个施工段,各施工段上流水节拍如表 2-4 所示,为缩短工期,准许 A 与 B 平行搭接时间为 2 d,施工过程 B 完成后,其相应施工段至少有技术间歇 1 d,施工过程 C 完成后,其相应施工段至少应有作业准备时间 1 d,试编制流水施工方案。

4. 某项目由四个施工过程组成,分别由 A、B、C、D 四个专业队完成,在平面上划分成四个施工段,每个专业工作队在各个施工段上的流水节拍如表 2-5 所示,试确定相邻专业工作队之间的流水步距,绘制流水进度横道图。

表2-4　各施工段上流水节拍

施工过程	流水节拍(d)			
A	4	5	3	4
B	3	2	2	2
C	2	4	3	2
D	3	3	2	2

表2-5　施工持续时间表

施工过程	持续时间(d)			
	①	②	③	④
A	5	3	2	4
B	3	5	4	5
C	4	2	3	3
D	3	4	2	4

项目3 网络计划编制

【学习目标】

知识目标	能力目标	权重
网络计划的表达形式、分类、基本概念	能正确描述网络计划的基本概念	20%
网络图的绘制方法、网络图时间参数的计算	能正确绘制双代号网络图、单代号网络图、双代号时标网络图,能正确计算网络计划的时间参数	50%
网络图的优化与调整	能正确进行网络图的优化与调整	30%

【教学准备】 教材、教案、PPT 课件、建设项目实例资料、施工现场等。

【教学建议】 通过案例导入、典型问题的提问,引导和激发学生对网络计划相关知识点的兴趣。在多媒体教室及施工现场采用资料展示、实物对照、分组学习、案例分析、翻转课堂等方法进行教学。

【建议学时】 26 学时

任务 3.1 双代号网络图的绘制与参数计算

3.1.1 双代号网络图的概念

双代号网络图是应用较为普遍的一种网络计划形式。它是以箭线及其两端节点的编号表示工作的网络图,如图 3-1 所示。

3.1.1.1 双代号网络图的基本要素

1. 箭线(工作)

在双代号网络图中,箭线分为实箭线和虚箭线两种。实箭线既要占用时间,也要消耗资源,但有时只占用时间,不消耗资源,如混凝土养护。虚箭线既不占用时间,也不消耗资源。

虚箭线的作用:

(1)联系作用:是指用虚箭线正确表达工作之间的相互依存关系,如图 3-2 所示。

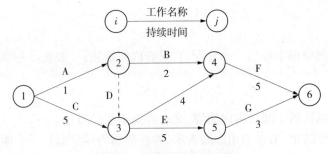

图 3-1　双代号网络图示例

（2）区分作用：是指双代号网络图中每一项工作都必须用一条箭线和两个代号表示，如有两项工作同时开始，又同时结束，绘图时应使用虚箭线来区分两项工作的代号，如图 3-3 所示。

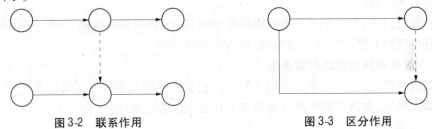

图 3-2　联系作用　　　　　　　　图 3-3　区分作用

（3）断路：是用虚箭线断开无联系的工作，即在双代号网络图中，把无联系的工作连接上，应增加虚箭线将其断开，如图 3-4 所示。

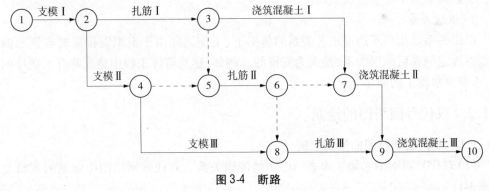

图 3-4　断路

在双代号网络图中，通常将工作用 $i \rightarrow j$ 表示。紧排在本工作之前的工作称为紧前工作，紧排在本工作之后的工作称为紧后工作，与之平行的工作称为平行工作。

2. 节点

节点是网络图中箭线之间的连接点。在时间上节点表示指向某节点的工作全部完成后该节点后面的工作才能开始的瞬间，它反映前后工作的交接点。网络图中有三个类型的节点。

1）起点节点

起点节点即网络图中第一个节点，它只有外向箭线，一般表示一项任务或一个项目的开始。

2）终点节点

终点节点即网络图中最后一个节点，它只有内向箭线，一般表示一项任务或一个项目的完成。

3）中间节点

中间节点即网络图中既有内向箭线，又有外向箭线的节点。

在双代号网络图中，节点应用圆圈表示，并在圆圈内标注编号。一项工作应当只有唯一的一条箭线和相应的一对节点，且要求箭尾节点的编号小于其箭头节点的编号，即 $i < j$。网络图节点的编号顺序应从小到大，可不连续，但不允许重复。

3. 线路

网络图中从起点节点开始，沿箭头方向顺序通过一系列箭线与节点，最后达到终点节点的通路称为线路。

在各条线路中，有一条或几条线路的总时间最长，称为关键线路，一般用双线或粗线标注。其他线路长度均小于关键线路，称为非关键线路。

3.1.1.2　双代号网络图的逻辑关系

在双代号网络图中，工作之间相互制约或相互依赖的关系称为逻辑关系，它包括工艺关系和组织关系，在网络图中均应表现为工作之间的先后顺序。

1. 工艺关系

生产性工作之间由工艺过程决定的先后顺序关系，非生产性工作之间由工作程序决定的先后顺序称为工艺关系。例如：先做基础，后做主体；先进行结构施工，后进行装修等。工艺关系是不能随意改变的。

2. 组织关系

组织关系是指在不违反工艺关系的前提下，工作之间由于组织安排需要或资源调配需要而规定的先后顺序关系，是人为安排的。例如：建筑群体工程中建筑物开工顺序的安排，组织流水施工的顺序等。

3.1.2　双代号网络图的绘制

3.1.2.1　双代号网络图的绘制规则

（1）双代号网络图必须正确表达已定的逻辑关系。双代号网络图中常见的逻辑关系见表3-1。

表3-1　双代号网络图中常见的逻辑关系

序号	各工作逻辑关系	网络图示
1	A 工作完成后，进行 B、C 工作	

续表 3-1

序号	各工作逻辑关系	网络图示
2	A、B 工作完成后,进行 C 工作	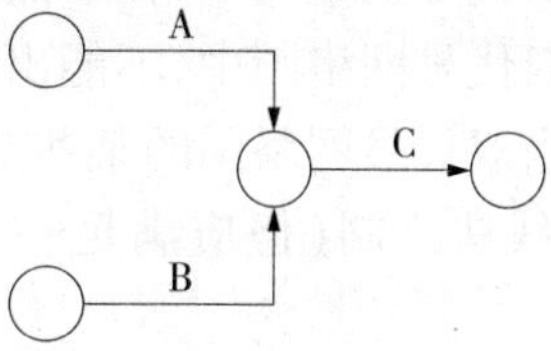
3	A、B 完成之后,C、D 才能开始工作	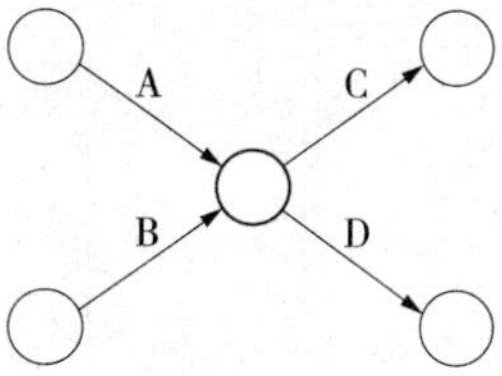
4	A 完成之后,C 才能开始,A、B 完成之后,D 才能开始	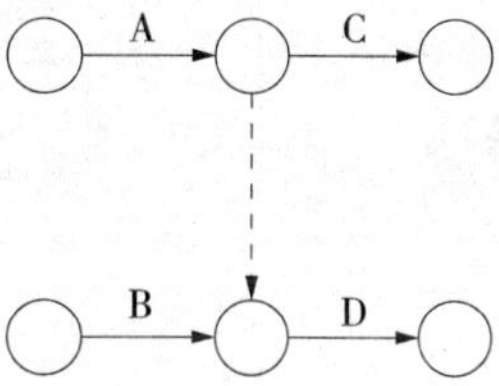
5	A、B 完成之后,D 才能开始,B、C 完成之后,E 才能开始	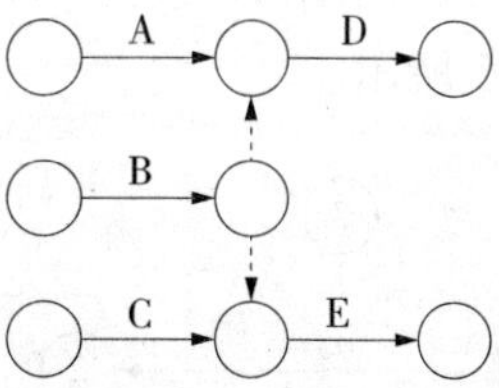
6	A、B、C 完成之后,D 才能开始,B、C 完成之后,E 才能开始	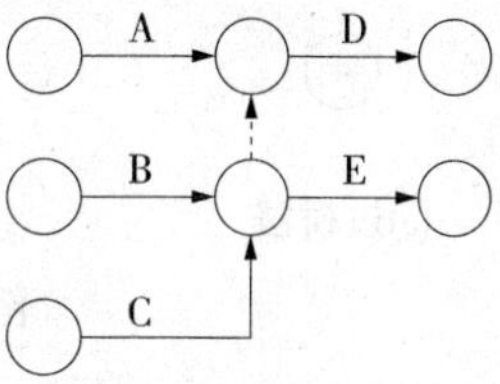
7	有 A、B 两项工作,按三个施工段进行流水施工	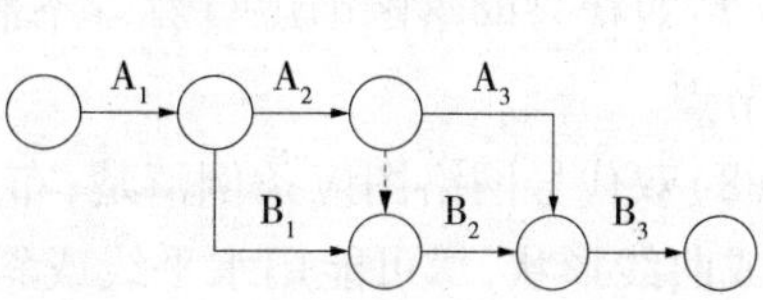
8	有 A、B、C 三项工作,按三个施工段进行流水施工	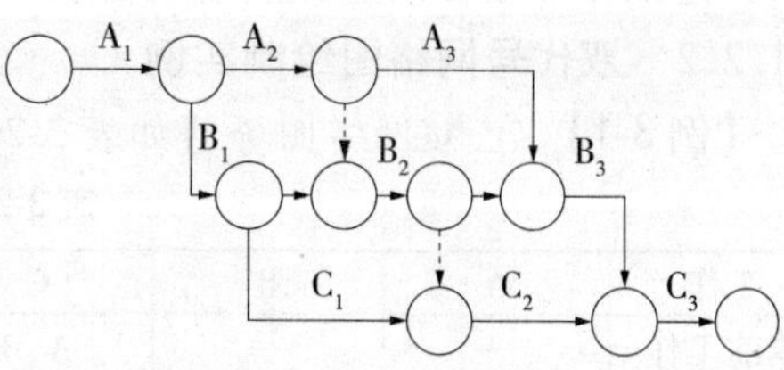

（2）双代号网络图中,不允许出现循环回路。所谓循环回路,是指从网络图中的某一个节点出发,顺着箭线方向又回到了原来出发点的线路。

（3）双代号网络图中,在节点之间不能出现带双向箭头或无箭头的连线。

（4）双代号网络图中,不能出现没有箭头节点或没有箭尾节点的箭线。

（5）当双代号网络图的某些节点有多条外向箭线或多条内向箭线时,为使图形简洁,可使用母线法绘制(但应满足一项工作用一条箭线和相应的一对节点表示),如图 3-5 所示。

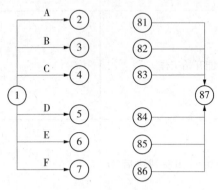

图3-5　母线法

（6）绘制网络图时,箭线不宜交叉。当交叉不可避免时,可用过桥法、断线法或指向法,如图 3-6 所示。

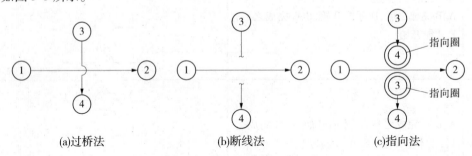

(a)过桥法　　　　　(b)断线法　　　　　(c)指向法

图3-6　过桥法、断线法、指向法

（7）双代号网络图中应只有一个起点节点和一个终点节点,而其他所有节点均应是中间节点。

（8）双代号网络图应条例清楚,布局合理。例如:网络图中的工作箭线不宜画成任意方向或曲线形状,尽可能用水平线或斜线;关键线路、关键工作尽可能安排在图面中心位置,其他工作分散在两边;避免倒回箭头等。

3.1.2.2　双代号网络图绘制实例

【例3-1】　已知网络图资料如表 3-2 所示,试绘制双代号网络图。

表3-2　网络图资料

工作	A	B	C	D	E	F	G
紧前工作	—	—	A、B	A、B	C	D、E	D

解:(1)首先找出各项工作的紧后工作,如表3-3所示。

表3-3 各项工作的紧后工作

工作	A	B	C	D	E	F	G
紧前工作	—	—	A、B	A、B	C	D、E	D
紧后工作	C、D	C、D	E	F、G	F	—	—

(2)A、B两项工作没有紧前工作,所以都与起点节点相连。绘制起点节点,并从起点节点引出工作A、B,如图3-7(a)所示。

(3)根据表中各项工作的紧后工作从左至右依次绘制其他各项工作,如图3-7(b)所示。

(4)合并没有紧后工作的节点,即为终点节点,并进行节点编号,如图3-7(c)所示。

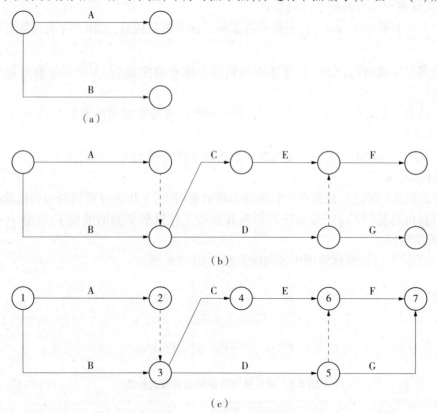

图3-7 双代号网络图绘制

3.1.3 双代号网络图时间参数的计算

双代号网络图时间参数计算的目的在于通过计算各项工作的时间参数,确定网络计划的关键工作、关键线路和计算工期,为网络计划的优化、调整和执行提供明确的时间参数。双代号网络图时间参数的计算方法很多,一般常用的有按工作计算法和按节点计算法进行计算。以下只讨论按工作计算法在图上进行计算的方法。

3.1.3.1 时间参数的概念及其符号

1. 工作持续时间(D_{i-j})

工作持续时间是一项工作从开始到完成的时间。

2. 工期(T)

工期泛指完成任务所需要的时间,一般有以下三种:

(1)计算工期:根据网络计划时间参数计算出来的工期,用 T_c 表示。

(2)要求工期:任务委托人所要求的工期,用 T_r 表示。

(3)计划工期:根据要求工期和计算工期所确定的作为实施目标的工期,用 T_p 表示。

网络计划的计划工期 T_p 应按下列情况分别确定:当已规定了要求工期 T_r 时,$T_p \leq T_r$;当未规定要求工期时,可令计划工期等于计算工期,$T_p = T_c$。

3. 网络图中工作的六个时间参数

(1)最早开始时间(ES_{i-j}),是指在各紧前工作全部完成后,工作 $i—j$ 有可能开始的最早时刻。

(2)最早完成时间(EF_{i-j}),是指在各紧前工作全部完成后,工作 $i—j$ 有可能完成的最早时刻。

(3)最迟开始时间(LS_{i-j}),是指在不影响整个任务按期完成的前提下,工作 $i—j$ 必须开始的最迟时刻。

(4)最迟完成时间(LF_{i-j}),是指在不影响整个任务按期完成的前提下,工作 $i—j$ 必须完成的最迟时刻。

(5)总时差(TF_{i-j}),是指在不影响总工期的前提下,工作 $i—j$ 可以利用的机动时间。

(6)自由时差(FF_{i-j}),是指在不影响其紧后工作最早开始的前提下,工作 $i—j$ 可以利用的机动时间。

按工作计算法计算网络图中各时间参数,如图3-8所示。

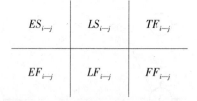

ES_{i-j}	LS_{i-j}	TF_{i-j}
EF_{i-j}	LF_{i-j}	FF_{i-j}

图3-8 双代号网络图时间参数的标注

3.1.3.2 双代号网络图时间参数计算

按工作计算法在网络图上计算六个时间参数,必须在清楚计算顺序和计算步骤的基础上,列出必要的公式,以加深对时间参数计算的理解。时间参数的计算步骤如下。

1. 最早开始时间和最早完成时间的计算

工作最早时间受到紧前工作的约束,故其计算顺序应从起点节点开始,顺着箭线方向依次逐项计算。

以网络图的起点节点为开始节点的工作最早开始时间为0。如网络图起点节点的编

号为 1,则

$$ES_{i-j} = 0(i = 1) \tag{3-1}$$

最早完成时间等于最早开始时间加上其持续时间:

$$EF_{i-j} = ES_{i-j} + D_{i-j} \tag{3-2}$$

最早开始时间等于各紧前工作的最早完成时间的最大值:

$$ES_{i-j} = \max EF_{h-i} \tag{3-3}$$

或

$$ES_{i-j} = \max(ES_{h-i} + D_{h-i}) \tag{3-4}$$

2. 确定计算工期 T_c

计算工期等于以网络图的终点节点为箭头节点的各个工作的最早完成时间的最大值。当网络图终点节点的编号为 n 时,计算工期为

$$T_c = \max EF_{i-n} \tag{3-5}$$

当无要求工期的限制时,取计划工期等于计算工期,即取 $T_p = T_c$。

3. 最迟开始时间和最迟完成时间的计算

工作最迟时间受到紧后工作的约束,故其计算顺序应从终点节点起,逆着箭线方向依次逐项计算。

以网络图的终点节点 $(j = n)$ 为箭头节点的工作的最迟完成时间等于计划工期,即

$$LF_{i-n} = T_p \tag{3-6}$$

最迟开始时间等于最迟完成时间减去其持续时间:

$$LS_{i-j} = LF_{i-j} - D_{i-j} \tag{3-7}$$

最迟完成时间等于各紧后工作的最迟开始时间 LS_{j-k} 的最小值:

$$LF_{i-j} = \min LS_{j-k} \tag{3-8}$$

或

$$LF_{i-j} = \min(LF_{j-k} - D_{j-k}) \tag{3-9}$$

4. 计算工作总时差

总时差等于其最迟开始时间减去最早开始时间,或等于最迟完成时间减去最早完成时间,即

$$TF_{i-j} = LS_{i-j} - ES_{i-j} \tag{3-10}$$

或

$$TF_{i-j} = LF_{i-j} - EF_{i-j} \tag{3-11}$$

5. 计算工作自由时差

当工作 $i-j$ 有紧后工作 $j-k$ 时,其自由时差应为

$$FF_{i-j} = ES_{j-k} - EF_{i-j} \tag{3-12}$$

或

$$FF_{i-j} = ES_{j-k} - ES_{i-j} - D_{i-j} \tag{3-13}$$

以网络图的终点节点 $(j = n)$ 为箭头节点的工作,其自由时差 FF_{i-n} 应按网络图的计划工期 T_p 确定,即

$$FF_{i-n} = T_p - EF_{i-n} \tag{3-14}$$

3.1.3.3 关键工作和关键线路的确定

1. 关键工作

网络图中总时差最小的工作是关键工作。

2. 关键线路

自始至终全部由关键工作组成的线路为关键线路,或线路上总的工作持续时间最长的线路为关键线路。网络图上的关键线路可用双线或粗线标注。

【例3-2】 试按工作计算法计算如图3-9所示双代号网络图的六大时间参数,并确定关键线路。

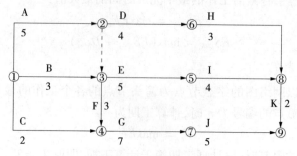

图3-9　双代号网络图

解: 最早开始时间 ES 和最早完成时间 EF 的计算如图3-10所示。

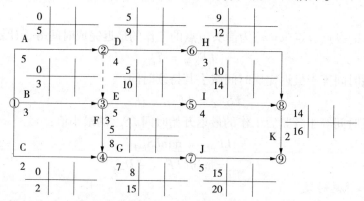

图3-10　最早开始时间 ES 和最早完成时间 EF 的计算

最迟开始时间 LS 和最迟完成时间 LF 的计算如图3-11所示。

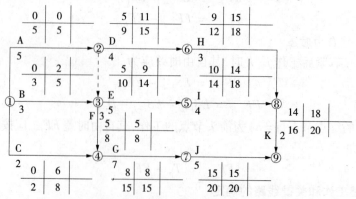

图3-11　最迟开始时间 LS 和最迟完成时间 LF 的计算

总时差 TF 和自由时差 FF 的计算如图 3-12 所示。

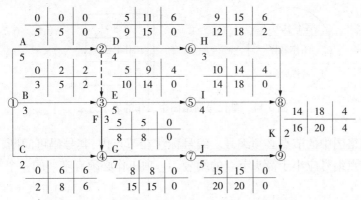

图 3-12　总时差 TF 和自由时差 FF 的计算

关键线路为：A—F—G—J。

任务 3.2　单代号网络图的绘制与参数计算

3.2.1　单代号网络图的概念

单代号网络图是以节点及其编号表示工作，以箭线表示工作之间逻辑关系的网络图，并在节点中加注工作代号、名称和持续时间，以形成单代号网络计划，如图 3-13 所示。

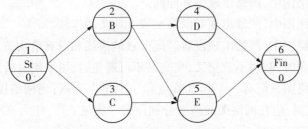

图 3-13　单代号网络图示例

单代号网络图与双代号网络图相比，具有以下特点：

（1）工作之间的逻辑关系容易表达，且不用虚箭线，故绘图较简单。

（2）网络图便于检查和修改。

（3）由于工作持续时间表示在节点之中，没有长度，故不够直观。

（4）表示工作之间逻辑关系的箭线可能产生较多的纵横交叉现象。

3.2.2　单代号网络图的绘制

3.2.2.1　单代号网络图的基本符号

1. 节点

单代号网络图中的每一个节点表示一项工作，节点宜用圆圈或矩形框表示。节点所表示的工作名称、持续时间和工作代号等应标注在节点内,如图3-14所示。

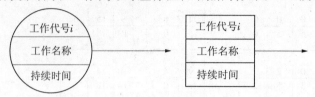

图3-14 单代号网络图中工作的表示方法

单代号网络图中的节点必须编号。编号标注在节点内,其号码可间断,但严禁重复。箭线的箭尾节点编号应小于箭头节点的编号。一项工作必须有唯一的一个节点及相应的一个编号。

2. 箭线

单代号网络图中的箭线表示紧邻工作之间的逻辑关系,既不占用时间,也不消耗资源。箭线应画成水平直线、折线或斜线。箭线水平投影的方向应自左向右,表示工作的行进方向。工作之间的逻辑关系包括工艺关系和组织关系,在网络图中均表现为工作之间的先后顺序。

3. 线路

单代号网络图中,各条线路应用该线路上的节点编号从小到大依次表述。

3.2.2.2 单代号网络图的绘图规则

(1)单代号网络图必须正确表达已定的逻辑关系。

(2)单代号网络图中,严禁出现循环回路。

(3)单代号网络图中,严禁出现双向箭头或无箭头的连线。

(4)单代号网络图中,严禁出现没有箭尾节点的箭线和没有箭头节点的箭线。

(5)绘制网络图时,箭线不宜交叉,当交叉不可避免时,可采用过桥法或指向法绘制。

(6)单代号网络图只应有一个起点节点和一个终点节点;当网络图中有多项起点节点或多项终点节点时,应在网络图的两端分别设置一项虚工作,作为该网络图的起点节点(St)和终点节点(Fin)。

单代号网络图的绘图规则大部分与双代号网络图的绘图规则相同,故不再进行解释。

3.2.3 单代号网络图时间参数的计算

单代号网络图时间参数的计算应在确定各项工作的持续时间之后进行。时间参数的计算顺序和计算方法基本上与双代号网络图时间参数的计算相同。单代号网络图时间参数的标注形式如图3-15所示。

单代号网络图时间参数的计算步骤如下。

3.2.3.1 计算最早开始时间和最早完成时间

网络图中各项工作的最早开始时间和最早完成时间的计算应从网络图的起点节点开始,顺着箭线方向依次逐项计算。

网络图的起点节点的最早开始时间为0。如起点节点的编号为1,则

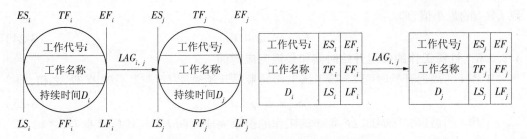

图3-15　单代号网络图时间参数的标注形式

$$ES_i = 0(i = 1) \tag{3-15}$$

工作最早完成时间等于该工作最早开始时间加上其持续时间,即

$$EF_i = ES_i + D_i \tag{3-16}$$

工作最早开始时间等于该工作的各个紧前工作的最早完成时间的最大值,如工作j的紧前工作的代号为i,则

$$ES_j = \max EF_i \tag{3-17}$$

或

$$ES_j = \max(ES_i + D_i) \tag{3-18}$$

式中　ES_j——工作j的各项紧前工作的最早开始时间。

3.2.3.2　确定计算工期 T_c

T_c等于网络图的终点节点n的最早完成时间EF_n,即

$$T_c = EF_n \tag{3-19}$$

3.2.3.3　计算相邻两项工作之间的时间间隔 $LAG_{i,j}$

相邻两项工作i和j之间的时间间隔$LAG_{i,j}$等于紧后工作j的最早开始时间ES_j和本工作的最早完成时间EF_i之差,即

$$LAG_{i,j} = ES_j - EF_i \tag{3-20}$$

3.2.3.4　计算工作总时差 TF_i

工作i的总时差TF_i应从网络图的终点节点开始,逆着箭线方向依次逐项计算。网络图终点节点的总时差TF_n,如计划工期等于计算工期,其值为0,即

$$TF_n = 0 \tag{3-21}$$

其他工作i的总时差TF_i等于该工作的各个紧后工作j的总时差TF_j加该工作与其紧后工作之间的时间间隔$LAG_{i,j}$之和的最小值,即

$$TF_i = \min(TF_j + LAG_{i,j}) \tag{3-22}$$

3.2.3.5　计算工作自由时差

工作i若无紧后工作,其自由时差FF_i等于计划工期T_p减该工作的最早完成时间EF_n,即

$$FF_i = T_p - EF_n \tag{3-23}$$

当工作i有紧后工作j时,其自由时差FF_i等于该工作与其紧后工作j之间的时间间

隔 $LAG_{i,j}$ 的最小值,即

$$FF_i = minLAG_{i,j} \tag{3-24}$$

3.2.3.6 计算工作的最迟开始时间和最迟完成时间

工作 i 的最迟开始时间 LS_i 等于该工作的最早开始时间 ES_i 与其总时差 TF_i 之和,即

$$LS_i = ES_i + TF_i \tag{3-25}$$

工作 i 的最迟完成时间 LF_i 等于该工作的最早完成时间 EF_i 与其总时差 TF_i 之和,即

$$LF_i = EF_i + TF_i \tag{3-26}$$

3.2.3.7 关键工作和关键线路的确定

(1)关键工作:总时差最小的工作是关键工作。

(2)关键线路的确定按以下规定:从起点节点开始到终点节点均为关键工作,且所有工作的时间间隔为 0 的线路为关键线路。

【例3-3】 已知单代号网络图如图 3-16 所示,若计划工期等于计算工期,试计算单代号网络图的时间参数,将其标注在网络图上,并用双箭线标示出关键线路。

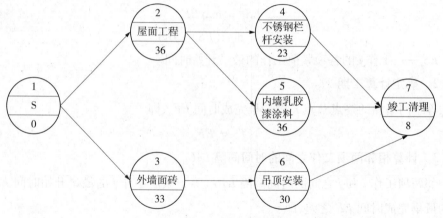

图 3-16 单代号网络图

解:(1)计算最早开始时间和最早完成时间。

$ES_1 = 0$ $EF_1 = ES_1 + D_1 = 0 + 0 = 0$

$ES_2 = EF_1 = 0$ $EF_2 = ES_2 + D_2 = 0 + 36 = 36$

$ES_3 = EF_1 = 0$ $EF_3 = ES_3 + D_3 = 0 + 33 = 33$

$ES_4 = EF_2 = 36$ $EF_4 = ES_4 + D_4 = 36 + 23 = 59$

$ES_5 = EF_2 = 36$ $EF_5 = ES_5 + D_5 = 36 + 36 = 72$

$ES_6 = EF_3 = 33$ $EF_6 = ES_6 + D_6 = 33 + 30 = 63$

$ES_7 = \max(EF_4, EF_5, EF_6) = \max(59, 72, 63) = 72$

$EF_7 = ES_7 + D_7 = 72 + 8 = 80$

已知计划工期等于计算工期,故有:$T_p = T_c = ES_7 = 80$

(2)计算相邻两项工作之间的时间间隔 $LAG_{i,j}$。

$LAG_{1,2} = ES_2 - EF_1 = 0 - 0 = 0$

$LAG_{1,3} = ES_3 - EF_1 = 0 - 0 = 0$

$$LAG_{2,4} = ES_4 - EF_2 = 36 - 36 = 0$$

$$LAG_{2,5} = ES_5 - EF_2 = 36 - 36 = 0$$

$$LAG_{3,6} = ES_6 - EF_3 = 33 - 33 = 0$$

$$LAG_{4,7} = ES_7 - EF_4 = 72 - 59 = 13$$

$$LAG_{5,7} = ES_7 - EF_5 = 72 - 72 = 0$$

$$LAG_{6,7} = ES_7 - EF_6 = 72 - 63 = 9$$

（3）计算工作的总时差 TF_i。

已知计划工期等于计算工期：$T_p = T_c = 80$，故终点节点⑦的总时差为 0，即 $TF_7 = 0$

其他工作的总时差为：

$$TF_6 = TF_7 + LAG_{6,7} = 0 + 9 = 9$$

$$TF_5 = TF_7 + LAG_{5,7} = 0 + 0 = 0$$

$$TF_4 = TF_7 + LAG_{4,7} = 0 + 13 = 13$$

$$TF_3 = TF_6 + LAG_{3,6} = 9 + 0 = 9$$

$$TF_2 = \min[(TF_4 + LAG_{2,4}),(TF_5 + LAG_{2,5})] = \min[(13 + 0),(0 + 0)] = 0$$

$$TF_1 = \min[(TF_2 + LAG_{1,2}),(TF_3 + LAG_{1,3})] = \min[(0 + 0),(0 + 0)] = 0$$

（4）计算工作的自由时差 FF_i。

已知计划工期等于计算工期：$T_p = T_c = 80$，故终点节点⑦的自由时差为 0，即

$$FF_7 = T_p - EF_7 = 80 - 80 = 0$$

其他工作的自由时差为：

$$FF_6 = LAG_{6,7} = 9$$

$$FF_5 = LAG_{5,7} = 0$$

$$FF_4 = LAG_{4,7} = 13$$

$$FF_3 = LAG_{3,6} = 0$$

$$FF_2 = \min(LAG_{2,4}, LAG_{2,5}) = \min(0,0) = 0$$

$$FF_1 = \min(LAG_{1,2}, LAG_{1,3}) = \min(0,0) = 0$$

（5）计算工作的最迟开始时间 LS_i 和最迟完成时间 LF_i。

$$LS_1 = ES_1 + TF_1 = 0 + 0 = 0 \qquad LF_1 = EF_1 + TF_1 = 0 + 0 = 0$$

$$LS_2 = ES_2 + TF_2 = 0 + 0 = 0 \qquad LF_2 = EF_2 + TF_2 = 36 + 0 = 36$$

$$LS_3 = ES_3 + TF_3 = 0 + 9 = 9 \qquad LF_3 = EF_3 + TF_3 = 33 + 9 = 42$$

$$LS_4 = ES_4 + TF_4 = 36 + 13 = 49 \qquad LF_4 = EF_4 + TF_4 = 59 + 13 = 72$$

$$LS_5 = ES_5 + TF_5 = 36 + 0 = 36 \qquad LF_5 = EF_5 + TF_5 = 72 + 0 = 72$$

$$LS_6 = ES_6 + TF_6 = 33 + 9 = 42 \qquad LF_6 = EF_6 + TF_6 = 63 + 9 = 72$$

$$LS_7 = ES_7 + TF_7 = 72 + 0 = 72 \qquad LF_7 = EF_7 + TF_7 = 80 + 0 = 80$$

将以上计算结果标注在图 3-17 的相应位置。

（6）关键工作和关键线路的确定。

根据计算结果，总时差为 0 的工作①、②、⑤、⑦为关键工作；从起点节点①开始到终点节点⑦均为关键工作，且所有工作之间时间间隔为 0 的线路为关键线路，即①—②—⑤—⑦。

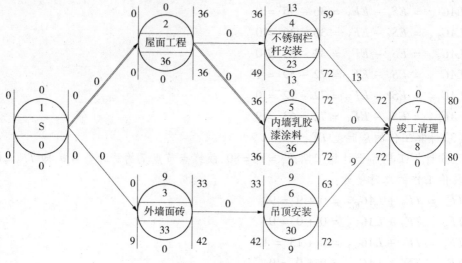

图 3-17　单代号网络图时间参数计算结果

任务 3.3　双代号时标网络图的绘制与参数计算

3.3.1　双代号时标网络计划的概念

双代号时标网络计划是以时间坐标为尺度编制的网络计划。时标网络计划中应以实箭线表示工作,实箭线的水平投影长度表示工作的持续时间,以虚箭线表示虚工作,以波形线表示工作的自由时差。

双代号时标网络计划具备如下特点:

(1)时标网络计划兼有网络计划与横道计划的优点,它能够清楚地表明计划的时间进程,使用方便。

(2)能在图上直接显示出各项工作的开始与完成时间、工作的自由时差及关键线路。

(3)在时标网络计划中可以统计每一个单位时间对资源的需要量,以便进行资源优化和调整。

(4)由于箭线受到时间坐标的限制,当情况发生变化时,对网络计划的修改比较麻烦,往往要重新绘图。但在使用计算机以后,这一问题已较容易解决。

3.3.2　双代号时标网络图的绘制

3.3.2.1　绘制的一般规定

(1)双代号时标网络图必须以水平时间坐标为尺度表示工作时间。时标的时间单位应根据需要在编制网络图之前确定,可为时、天、周、月或季。

(2)时标网络图中所有符号在时间坐标上的水平投影位置,都必须与其时间参数相对应。节点中心必须对准相应的时标位置。

(3)时标网络图中虚工作必须以垂直方向的虚箭线表示,有自由时差时加波形线表示。

3.3.2.2 绘制方法

绘制时标网络图应先绘制出无时标网络图(逻辑网络图)草图,然后再按间接绘制法或直接绘制法绘制。

1. 间接绘制法

间接绘制法(或称先算后绘法)指先计算无时标网络图草图的时间参数,然后再在时标网络计划表中进行绘制的方法。

用这种方法时,应先对无时标网络图进行计算,算出其最早时间。然后再按每项工作的最早开始时间将其箭尾节点定位在时标表上,再用规定线型绘出工作及其自由时差,即形成时标网络计划。绘制时,一般先绘制出关键线路,然后再绘制非关键线路。绘制步骤如下:

(1)先绘制网络图草图。

(2)计算工作最早时间并标注在图上。

(3)在时标表上,按最早开始时间确定每项工作的开始节点位置(图形尽量与草图一致),节点的中心线必须对准时标的刻度线。

(4)按各工作的时间长度画出相应工作的实线部分,使其水平投影长度等于工作时间;由于虚工作不占用时间,所以应以垂直虚线表示。

(5)用波形线把实线部分与其紧后工作的开始节点连接起来,以表示自由时差。

【例3-4】 采用间接绘制法绘制时标网络图,如图 3-18 所示。

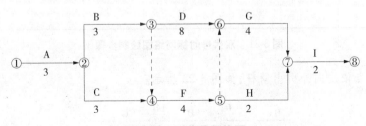

图 3-18 双代号网络图

具体步骤:

(1)计算网络图节点时间参数,如图 3-19 所示。

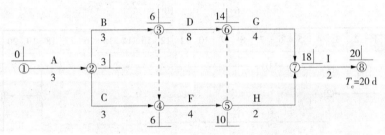

图 3-19 双代号时标网络图绘制步骤 1

(2)绘制时间坐标网,如图 3-20 所示。

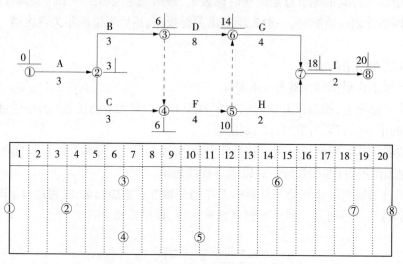

图 3-20 双代号时标网络图绘制步骤 2

（3）在时间坐标网中确定节点位置，如图 3-21 所示。

图 3-21 双代号时标网络图绘制步骤 3

（4）从节点依次向外引出箭杆，如图 3-22 所示。

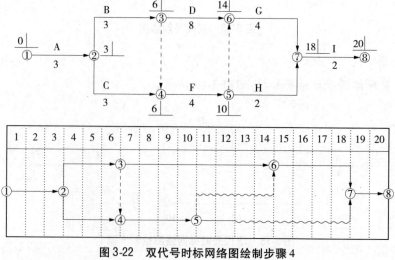

图 3-22 双代号时标网络图绘制步骤 4

2. 直接绘制法

直接绘制法是根据各项工作间的逻辑关系及工作持续时间直接绘制时标网络图的方法，其绘制要点如下所述：

（1）画出无时标双代号网络图的草图，并按线路时间参数确定出关键线路及工期。

（2）绘制时标表。

（3）将起点节点定位于时标表的起始零刻度线上，并按工作的持续时间绘制起点节点的外向箭线及工作的箭头节点。

（4）将关键线路上的关键工作所对应的节点定位于时间坐标的刻度线上。

（5）当某一节点有一条或多条内向箭线时，此节点应定位于所有内向箭线中最长的箭线箭头处。其他不足以到达该节点的实箭线，用波形线补足。

（6）虚工作应绘制成垂直的虚箭线，若虚箭线的开始节点与结束节点之间有水平距离，用波形线补足，波形线的长度为该虚工作的自由时差。

（7）用上述方法自左至右依次确定其他节点的位置，直至终点节点。

3.3.3　双代号时标网络图时间参数的计算

3.3.3.1　关键线路的确定

时标网络图的关键线路，应从终点节点至起点节点进行观察，凡自始至终没有波形线的线路，即为关键线路。判别是否是关键线路仍然是根据这条线路上各项工作是否有总时差。关键线路要用粗线、双线或彩色线明确表示。

3.3.3.2　时间参数的计算

1. 计划工期的确定

时标网络图的计划工期等于终点节点与起点节点所在位置的时标值之差。

2. 最早时间的确定

在时标网络图中，每条箭线箭尾节点中心所对应的时标值，即为该工作的最早开始时间。没有自由时差工作的最早完成时间为其箭头节点中心所对应的时标值；有自由时差工作的最早完成时间为其箭线实线部分右端点所对应的时标值。

3. 工作自由时差的确定

工作自由时差等于其波形线（或虚线）在坐标轴上的水平投影长度。

4. 工作总时差的确定

时标网络图中，工作总时差不能通过直接观察得到，但可利用工作自由时差进行判定。工作总时差应自右向左逆箭线推算，因为只有其所有紧后工作的总时差被判定后，本工作的总时差才能判定。

工作总时差等于其紧后工作的总时差加本工作与该紧后工作之间的时间间隔 LAG_{i-j-k} 的最小值，即

$$TF_{i-j} = \min(TF_{j-k} + LAG_{i-j-k}) \tag{3-27}$$

所谓两项工作之间的时间间隔 LAG_{i-j-k}，指本工作的最早完成时间与其紧后工作最早开始时间的差值。

5. 最迟时间的确定

有了工作总时差与最早时间,工作的最迟时间便可计算出来。

工作最迟开始时间等于本工作的最早开始时间与其总时差之和;工作最迟完成时间等于本工作的最早完成时间与其总时差之和,即

$$LS_{i-j} = ES_{i-j} + TF_{i-j} \tag{3-28}$$

$$LF_{i-j} = EF_{i-j} + TF_{i-j} \tag{3-29}$$

【例3-5】 已知某时标网络图如图3-23所示,试确定关键线路,并计算出各非关键工作的自由时差、总时差以及最迟开始时间和最迟完成时间。

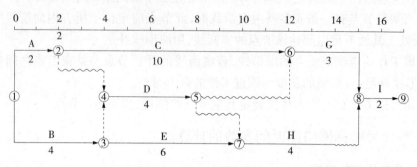

图3-23 双代号时标网络图

解: 关键线路为①—②—⑥—⑧—⑨。

(1)自由时差。

工作B:$FF_{1-3} = 0$

工作D:$FF_{4-5} = \min(LAG_{4-5-6}, LAG_{4-5-7}) = \min(4,2) = 2$

工作E:$FF_{3-7} = 0$

工作H:$FF_{7-8} = 1$

(2)总时差(由后向前计算)。

工作H:$TF_{7-8} = TF_{8-9} + FF_{7-8} = 0 + 1 = 1$

工作D:$TF_{4-5} = \min(TF_{7-8} + FF_{4-5}, TF_{6-8} + FF_{4-5}) = \min(1+2, 0+4) = 3$

工作E:$TF_{3-7} = TF_{7-8} + FF_{3-7} = 1 + 0 = 1$

工作B:$TF_{1-3} = \min(TF_{3-7} + FF_{1-3}, TF_{4-5} + FF_{1-3}) = \min(1+0, 3+0) = 1$

(3)最迟开始时间。

工作B:$LS_{1-3} = ES_{1-3} + TF_{1-3} = 0 + 1 = 1$

工作D:$LS_{4-5} = ES_{4-5} + TF_{4-5} = 4 + 3 = 7$

工作E:$LS_{3-7} = ES_{3-7} + TF_{3-7} = 4 + 1 = 5$

工作H:$LS_{7-8} = ES_{7-8} + TF_{7-8} = 10 + 1 = 11$

(4)最迟完成时间。

工作B:$LF_{1-3} = EF_{1-3} + TF_{1-3} = 4 + 1 = 5$

工作D:$LF_{4-5} = EF_{4-5} + TF_{4-5} = 8 + 3 = 11$

工作E:$LF_{3-7} = EF_{3-7} + TF_{3-7} = 10 + 1 = 11$

工作 H: $LF_{7-8} = EF_{7-8} + TF_{7-8} = 14 + 1 = 15$

任务 3.4　单代号搭接网络图的绘制与参数计算

3.4.1　基本概念

在普通双代号和单代号网络计划中,各项工作按依次顺序进行,即任何一项工作都必须在它的紧前工作全部完成后才能开始。但在实际工作中,为了缩短工期,许多工作可采用平行搭接的方式进行。为了简单直接地表达这种搭接关系,使编制网络计划得以简化,于是出现了搭接网络计划方法。单代号搭接网络图如图 3-24 所示,其中起点节点 St 和终点节点 Fin 为虚拟节点。

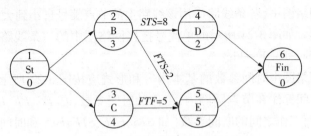

图 3-24　单代号搭接网络图示例

单代号搭接网络图中每一个节点表示一项工作,宜用圆圈或矩形框表示。节点所表示的工作名称、持续时间和工作代号等应标注在节点内。节点最基本的表示方法应符合图 3-25 的规定。

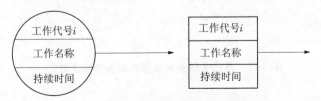

图 3-25　单代号搭接网络图工作的表示方法

单代号搭接网络图中,箭线及其上面的时距符号表示相邻工作间的逻辑关系,如图 3-26 所示。箭线应画成水平直线、折线或斜线。箭线水平投影的方向应自左向右,表示工作的进行方向。

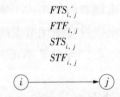

图 3-26　单代号搭接网络图箭线的表示方法

工作的搭接顺序关系是用前项工作的开始或完成时间与其紧后工作的开始或完成时间之间的间距来表示的,具体有四类:

(1)$FTS_{i,j}$:工作 i 完成时间与其紧后工作 j 开始时间的时间间距。

(2)$FTF_{i,j}$:工作 i 完成时间与其紧后工作 j 完成时间的时间间距。

(3)$STS_{i,j}$:工作 i 开始时间与其紧后工作 j 开始时间的时间间距。

(4)$STF_{i,j}$:工作 i 开始时间与其紧后工作 j 完成时间的时间间距。

单代号网络图中的节点必须编号,编号标注在节点内,其号码可间断,但不允许重复。箭线的箭尾节点编号应小于箭头节点编号。一项工作必须有唯一的一个节点及相应的一个编号。

工作之间的逻辑关系包括工艺关系和组织关系,在网络图中均表现为工作之间的先后顺序。

单代号搭接网络图中,各条线路应用该线路上的节点编号自小到大依次表述,也可用工作名称依次表述。如图 3-24 所示的单代号搭接网络图中的一条线路可表述为 1—2—5—6,也可表述为 St—B—E—Fin。

单代号搭接网络图中时间参数的基本内容和形式应按图 3-27 所示方式标注。工作名称和工作持续时间标注在节点圆圈内,工作的时间参数(如 ES、EF、LS、LF、TF、FF)标注在圆圈的上下,而工作之间的时间参数(如 STS、FTF、STF、FTS 和时间间隔 $LAG_{i,j}$)标注在联系箭线的上下方。

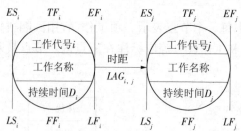

图 3-27　单代号搭接网络图时间参数标注形式

3.4.2　单代号搭接网络图的绘制

3.4.2.1　绘图规则

(1)单代号搭接网络图必须正确表述已定的逻辑关系。

(2)单代号搭接网络图中,不允许出现循环回路。

(3)单代号搭接网络图中,不能出现双向箭头或无箭头的连线。

(4)单代号搭接网络图中,不能出现没有箭尾节点的箭线和没有箭头节点的箭线。

(5)绘制网络图时,箭线不宜交叉。当交叉不可避免时,可采用过桥法或指向法绘制。

(6)单代号搭接网络图只应有一个起点节点和一个终点节点。当网络图中有多项起点节点或多项终点节点时,应在网络图的相应端分别设置一项虚工作,作为该网络图的起点节点(St)和终点节点(Fin)。

3.4.2.2 单代号搭接网络图中的搭接关系

单代号网络图的搭接关系主要是通过两项工作之间的时距来表示的,时距表示时间的重叠和间歇,时距的产生和大小取决于工艺的要求和施工组织上的需要。用以表示搭接关系的时距有五种,分别是 STS(开始到开始)、STF(开始到结束)、FTS(结束到开始)、FTF(结束到结束)和混合搭接关系。

1. FTS(结束到开始)关系

结束到开始关系是通过前项工作结束到后项工作开始之间的时距(FTS)来表达的,如图 3-28 所示。

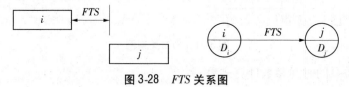

图 3-28 FTS 关系图

FTS 搭接关系的时间参数计算式为

$$\left.\begin{array}{l} ES_j = EF_i + FTS_{i,j} \\ LS_j = LF_i + FTS_{i,j} \end{array}\right\} \tag{3-30}$$

当 $FTS = 0$ 时,$ES_j = EF_i$,$LF_i = LS_j$,则表示两项工作之间没有时距,即为普通网络图中的逻辑关系。

2. STS(开始到开始)关系

开始到开始关系是通过前项工作开始到后项工作开始之间的时距(STS)来表达的,表示在 i 工作开始经过一个规定的时距(STS)后,j 工作才能开始进行,如图 3-29 所示。

图 3-29 STS 关系图

STS 搭接关系的时间参数计算式为

$$\left.\begin{array}{l} ES_j = ES_i + STS_{i,j} \\ LS_j = LS_i + STS_{i,j} \end{array}\right\} \tag{3-31}$$

3. FTF(结束到结束)关系

结束到结束关系是通过前项工作结束到后项工作结束之间的时距(FTF)来表达的,表示在 i 工作结束(FTF)后,j 工作才可结束,如图 3-30 所示。

图 3-30 FTF 关系图

FTF 搭接关系的时间参数计算式为

$$\left.\begin{aligned} EF_j &= EF_i + FTF_{i,j} \\ LF_j &= LF_i + FTF_{i,j} \end{aligned}\right\} \qquad (3\text{-}32)$$

4. *STF*(开始到结束)关系

开始到结束关系是通过前项工作开始到后项工作结束之间的时距(*STF*)来表达的,它表示 i 工作开始一段时间(*STF*)后, j 工作才可结束,如图 3-31 所示。

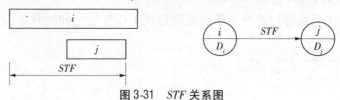

图 3-31 *STF* 关系图

STF 搭接关系的时间参数计算式为

$$\left.\begin{aligned} EF_j &= ES_i + STF_{i,j} \\ LF_j &= LS_i + STF_{i,j} \end{aligned}\right\} \qquad (3\text{-}33)$$

5. 混合搭接关系

混合搭接关系是指两项工作之间的相互关系是通过前项工作的开始到后项工作开始(*STS*)和前项工作结束到后项工作结束(*FTF*)双重时距来控制的。即两项工作的开始时间必须保持一定的时距要求,而且两者结束时间也必须保持一定的时距要求,如图 3-32 所示。

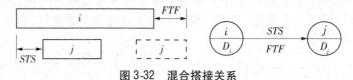

图 3-32 混合搭接关系

混合搭接关系中的 ES_j 和 EF_j 应分别计算,然后选取其中最大者。

混合搭接关系的时间参数计算式为

按 *STS* 关系
$$\left.\begin{aligned} ES_j &= ES_i + STS_{i,j} \\ LS_j &= LS_i + STS_{i,j} \end{aligned}\right\}$$

按 *FTF* 关系
$$\left.\begin{aligned} EF_j &= EF_i + FTF_{i,j} \\ LF_j &= LF_i + FTF_{i,j} \end{aligned}\right\}$$

3.4.3 单代号搭接网络图时间参数的计算

单代号搭接网络图时间参数的计算与前述原理基本相同,现以算例说明。

【例 3-6】 已知某工程搭接网络图如图 3-33 所示,试计算其时间参数。

单代号搭接网络计划时间参数计算结果如图 3-34 所示。

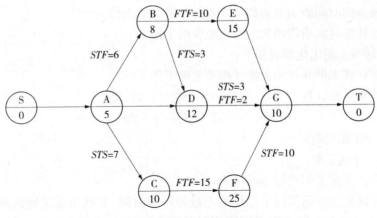

图 3-33　单代号搭接网络图

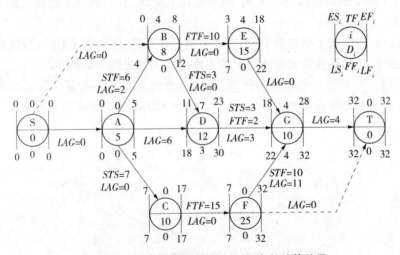

图 3-34　单代号搭接网络计划时间参数计算结果

任务 3.5　网络计划的优化

网络计划的优化,是在满足既定约束条件下,按某一目标(工期、费用、资源),通过不断改进网络计划寻求满意方案。网络计划优化的内容包括工期优化、费用优化和资源优化。

3.5.1　工期优化

工期优化是在网络计划的工期不满足要求时,通过压缩计算工期以达到要求工期目标,或在一定约束条件下使工期最短的过程。

在确定需缩短持续时间的关键工作时,应按以下几个方面进行选择:

(1)缩短持续时间对质量和安全影响不大的工作。

(2)有充足备用资源的工作。

（3）缩短持续时间所需增加的工人或材料最少的工作。

（4）缩短持续时间所需增加的费用最少的工作。

网络计划的工期优化步骤如下：

（1）求出计算工期并找出关键线路及关键工作。

（2）按要求工期计算出工期应缩短的时间目标 ΔT，即

$$\Delta T = T_c - T_p \tag{3-34}$$

式中　T_c——计算工期；

　　　T_p——计划工期。

（3）确定各关键工作能缩短的持续时间。

（4）将应优先缩短的关键工作压缩至最短持续时间，并找出新关键线路。若此时被压缩的工作变成了非关键工作，则应将其持续时间延长，使之仍为关键工作。

（5）若计算工期仍超过要求工期，则重复以上步骤，直到满足工期要求或工期已不能再缩短为止。

技术提示：在优化工期过程中，不能把关键工作压缩为非关键工作；当优化中出现多条关键线路时，必须把各条关键线路上的工作历时压缩为同一数值。

【例3-7】　某网络计划如图3-35所示，图中箭线上面括号外数字为工作正常持续时间，括号内数字为工作最短持续时间，要求工期为100 d，试进行网络计划优化。

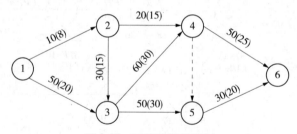

图3-35　双代号网络计划

解：（1）计算并找出网络计划的关键线路和关键工作。用工作正常持续时间计算节点的最早时间和最迟时间，如图3-36所示。其中关键线路为1—3—4—6，用双箭线表示。关键工作为1—3、3—4、4—6。

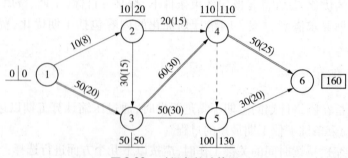

图3-36　时间参数计算图

(2)计算需缩短工期。根据计算工期需缩短 60 d,其中,根据图 3-36 所示,关键工作 1—3 可缩短 30 d,但只能压缩 10 d,否则就变成非关键工作;关键工作 3—4 可压缩 30 d。重新计算网络计划工期,其中关键线路和关键工作如图 3-37 所示。

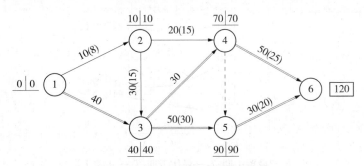

图 3-37　第一次调整后的时间参数

调整后的计算工期为 120 d,还需压缩 20 d,选择关键工作 3—5、4—6 进行压缩,工作 3—5 用最短工作持续时间代替正常持续时间,工作 4—6 可缩短 20 d,重新计算网络计划工期,如图 3-38 所示。

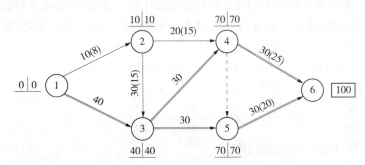

图 3-38　第二次调整后的时间参数

由图 3-38 可知,工期达到 100 d,满足规定工期要求,工期优化结束。

3.5.2　费用优化

在一定范围内,工程的施工费用随着工期的变化而变化,在工期与费用之间存在着最优解的平衡点。费用优化就是寻求最低成本时的最优工期及其相应进度计划,或按要求工期寻求最低成本及其相应进度计划的过程。因此,费用优化又叫工期成本优化。

费用优化的目的:

(1)寻求工程总成本最低时的工期安排。

(2)按照要求工期寻求最低成本。

3.5.2.1　时间和费用的关系

工程总费用由直接费和间接费组成。直接费由人工费、材料费、机械使用费及措施费构成,与所采用的施工方案有关,它随着工期缩短而增加。间接费包括施工组织和经营管理的全部费用,它随着工期的缩短而减少。

工期—费用曲线如图 3-39 所示,由图可知,当确定一个合理的工期,就能使总费用达到最小。

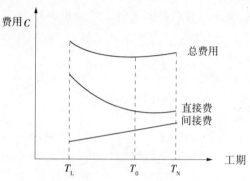

T_L—最短工期;T_0—最优工期;T_N—正常工期

图 3-39　工期—费用关系曲线

3.5.2.2　费用优化的方法

费用优化的基本思路:不断地在网络计划中找出直接费用率(或组合直接费用率)最小的关键工作,缩短其持续时间,同时考虑间接费用随工期缩短而减少的数值,最后求得工程总成本最低时的最优工期安排或按要求工期求得最低成本的计划安排。按照上述基本思路,费用优化可按以下步骤进行。

(1)按工作正常持续时间找出关键工作和关键线路。

(2)计算各项工作的费用率。

$$\Delta C_{i-j} = \frac{CC_{i-j} - CN_{i-j}}{DN_{i-j} - DC_{i-j}} \tag{3-35}$$

式中　ΔC_{i-j}——工作 i—j 的费用率;

　　　CC_{i-j}——将工作 i—j 的持续时间缩短为最短持续时间后,完成该工作所需的直接费用;

　　　CN_{i-j}——在正常条件下完成工作 i—j 所需的直接费用;

　　　DN_{i-j}——工作 i—j 的正常持续时间;

　　　DC_{i-j}——工作 i—j 的最短持续时间。

(3)在网络计划中找出费用率(或组合费用率)最低的一项关键工作或一组关键工作.作为缩短持续时间的对象。

(4)缩短找出的关键工作或一组关键工作的持续时间,其缩短值必须符合不能把关键工作压缩成非关键工作和缩短后其持续时间不小于最短持续时间的原则。

(5)计算相应增加的总费用。

(6)考虑工期变化带来的间接费用及其他损益,在此基础上计算总费用。

(7)重复步骤(3)~(6),直到总费用最低为止。

【例 3-8】　已知网络计划如图 3-40 所示,图中箭线上方括号外为工作的正常费用(千元),括号内为最短时间的费用(千元),箭线下方括号外为工作的正常持续时间(d),括号内为最短持续时间(d),已知间接费率为 120 元/d,试求出费用最少的工期。

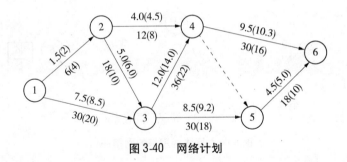

图 3-40 网络计划

解:(1)简化网络图。简化网络图是在缩短工期的过程中,删去那些不能变成关键工作的非关键工作,使网络图简化,减少计算量。

首先按正常持续时间计算,找出关键线路和关键工作,如图 3-41 所示,关键线路为 1—3—4—6,关键工作为 1—3、3—4、4—6。

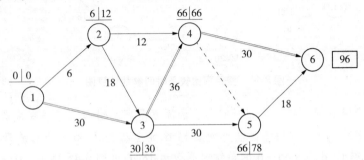

图 3-41 按正常时间计算时间参数图

其次,用最短的持续时间置换那些关键工作的持续时间,重新进行计算,找出关键线路和关键工作。

重复本步骤,直至不能增加新的关键线路为止。

经计算,工作 2—4 不能转变为关键工作,故删去它,重新整理成新的网络计划,如图 3-42 所示。

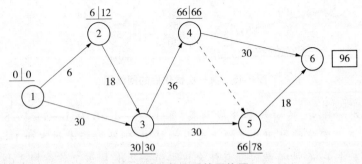

图 3-42 整理后的网络图

(2)计算各工作费用率。计算工作的费用率,把它标注在箭线上方,如图 3-43 所示。

(3)计算时间参数,关键线路为 1—3—4—6,找出关键线路上工作费用率最低的关键工作。如图 3-44 所示,工作费用率最低的关键工作是 4—6。

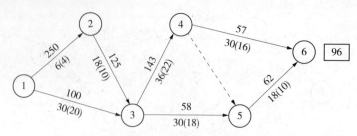

图 3-43　标注费用率的网络图

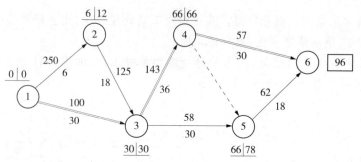

图 3-44　费用率比较及时间参数计算图

（4）确定缩短时间。确定缩短时间大小的原则是原关键线路不能变成非关键线路。

已知关键工作 4—6 的持续时间可缩短 14 d，由于工作 5—6 的总时差只有 12 d，所以第一次只能缩短 12 d，工作 4—6 的持续时间改为 18 d，如图 3-45 所示。第一次缩短工期后增加的费用（C_1）为

$$C_1 = 57 \times 12 = 684（元）$$

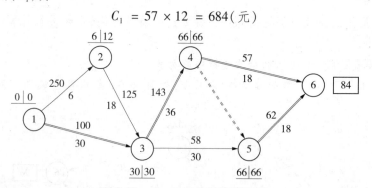

图 3-45　第一次优化后的网络图

通过第一次缩短后，关键线路变成两条，即 1—3—4—6 及 1—3—4—5—6。如果使总工期再缩短，必须同时缩短两条关键线路上的时间，因此缩短关键工作 1—3、4—6、5—6 的持续时间。工作 4—6 的持续时间只能允许再缩短 2 d，故该工作缩短 2 d；工作 5—6 的持续时间也缩短 2 d；工作 1—3 的持续时间可缩短 10 d，但考虑工作 1—2 和 2—3 的总时差有 6 d，因此工作 1—3 缩短 6 d，如图 3-46 所示。第二次缩短工期增加的费用（C_2）为

$$C_2 = C_1 + 100 \times 6 + (57 + 62) \times 2 = 1\,522（元）$$

第三次缩短：关键工作 4—6 的持续时间不能再缩短，费用率用 ∞ 表示；关键工作 3—4

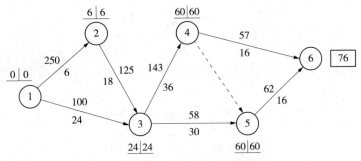

图 3-46　第二次优化后的网络图

缩短 6 d，如图 3-47 所示。第三次缩短工期增加的费用（C_3）为

$$C_3 = C_2 + 143 \times 6 = 2\,380(元)$$

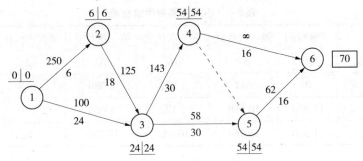

图 3-47　第三次优化后的网络图

第四次缩短：缩短工作 3—4、3—5 的持续时间 8 d，如图 3-48 所示。第四次缩短工期增加的费用（C_4）为

$$C_4 = C_3 + (143 + 58) \times 8 = 3\,988(元)$$

图 3-48　第四次优化后的网络图

第五次缩短：如图 3-48 所示，关键线路有 4 条，压缩对象只能在关键工作 1—2、1—3、2—3 中选择，只有同时缩短工作 1—3 和 2—3 的持续时间 4 d，其余工作不能再缩短，如图 3-49 所示。计算结束，第五次缩短工作增加的费用（C_5）为

$$C_5 = C_4 + (125 + 100) \times 4 = 4\,888(元)$$

将不同工期相应的费用列表（见表 3-4），考虑不同工期对直接费用及间接费用的影响，选择其中组合费用最低的工期作为最佳方案。

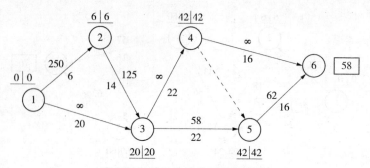

图3-49　第五次优化后的网络图

从表3-4可得,当工期为76 d时,合计费用最低,故选择此方案,优化结束后的网络图如图3-50所示。

表3-4　不同工期费用组合表

项目	正常时间	第一次优化	第二次优化	第三次优化	第四次优化	第五次优化
不同工期(d)	96	84	76	70	62	58
增加直接费用(元)	0	684	1 522	2 380	3 988	4 888
增加间接费用(元)	11 520	10 080	9 120	8 400	7 440	6 960
合计费用(元)	11 520	10 764	10 642	10 780	11 428	11 848

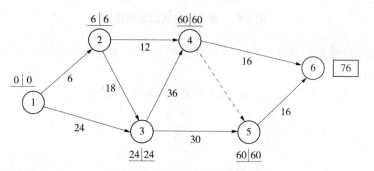

图3-50　优化结束后的网络图

3.5.3　资源优化

资源是指为完成施工任务所需的人力、材料、机械设备和资金等的统称。完成一项工程任务所需的资源量基本上是不变的,不可能通过资源优化将其减少。资源优化是通过改变工作的开始时间,使资源按时间的分布符合优化目标,如在资源有限时如何使工期最短,当工期一定时如何使资源均衡。

3.5.3.1　资源有限—工期最短

"资源有限—工期最短"的优化是通过均衡安排,以满足资源限制的条件,并使工期拖延最少的过程。在资源优化时,应逐日检查资源,当出现第 i 天资源需要量大于资源限量时,通过对工作最早时间的调整进行资源均衡调整。

资源需要量是指网络计划中各项工作在某一单位时间内所需某种资源数量之和。

资源限量是指单位时间内可供使用的某种资源的最大数量。

"资源有限—工期最短"优化计划的调整步骤如下。

(1)计算网络计划每个"时间单位"的资源需要量。

(2)从计划开始日期起,逐个检查每个"时间单位"的资源需要量是否超过资源限量,如果在整个工期内每个"时间单位"的资源需要量均能满足资源限量的要求,可行优化方案就完成,否则必须进行计划调整。

(3)分析超过资源限量的时段(每个"时间单位"的资源需要量相同的时间区段),计算 $\Delta D_{m'-n',i'-j'}$ 或 $\Delta D_{m-n,i-j}$ 值,依据它确定新的安排顺序。

$$\left.\begin{array}{l}\Delta D_{m'-n',i'-j'} = \min\Delta D_{m-n,i-j}\\\Delta D_{m-n,i-j} = EF_{m-n} - LS_{i-j}\end{array}\right\} \tag{3-36}$$

式中 $\Delta D_{m'-n',i'-j'}$——在各种顺序安排中,最佳顺序安排所对应的工期延长时间的最小值;

$\Delta D_{m-n,i-j}$——在资源冲突的诸工作中,工作 $i-j$ 安排在工作 $m-n$ 之后进行,工期所延长的时间。

(4)当最早完成时间 EF_{m-n} 或 EF_m 最小值和最迟开始时间 LS_{i-j} 或 LS_i 最大值同属一个工作时,应找出最早完成时间 $EF_{m'-n'}$ 或 $EF_{m'}$ 值为次小,最迟开始时间 $LS_{i'-j'}$ 或 $LS_{i'}$ 为次大的工作,分别组成两个顺序方案,再从中选取较小者进行调整。

(5)绘制调整后的网络计划,重复步骤(1)~(4),工期最短者为最佳方案。

【例3-9】 某网络计划如图3-51所示,图中箭线上方的数字为工作持续时间,箭线下方的数字为资源强度(本例指用工人数),假定每天只有9名工人可供使用,如何安排各工作最早时间使工期达到最短。

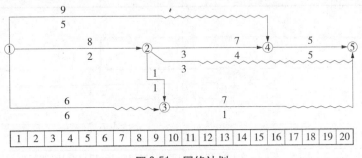

图3-51 网络计划

解:(1)计算资源每日需要量,见表3-5。

表3-5 资源每日需要量

工作日	1	2	3	4	5	6	7	8	9	10
资源数量(人)	13	13	13	13	13	13	7	7	13	8
工作日	11	12	13	14	15	16	17	18	19	20
资源数量(人)	8	5	5	5	5	6	5	5	5	5

（2）逐日检查是否满足要求。从表中看出，第 1～6 天资源需要量超过要求，必须进行工作最早时间调整。

①分析资源超限的时段。在第 1～6 天，有工作 1—4、1—2、1—3，分别计算 $EF_{i—j}$、$LS_{i—j}$，见表 3-6。

表 3-6　工作最早完成时间和最迟开始时间

工作代号 $i—j$	$EF_{i—j}$	$LS_{i—j}$
1—4	9	6
1—2	8	0
1—3	6	7

②确定 $\Delta D_{m'—n',i'—j}$ 值。$\min EF_{m—n}$、$\max LS_{i—j}$ 同属工作 1—3，找出 $EF_{m—n}$ 的次小值及 $LS_{i—j}$ 的次大值分别是 8 和 6，组成两种方案，即

$$\Delta D_{1—3,1—4} = 6 - 6 = 0$$
$$\Delta D_{1—2,1—3} = 8 - 7 = 1$$

③将工作 1—4 安排在工作 1—3 后进行，工期不增加，每天资源需要量从 13 人减到 8 人，满足要求。重复以上步骤，计算结果见表 3-7 及图 3-52，此方案为可行的优化方案。

表 3-7　调整后资源每日需要量

工作日	1	2	3	4	5	6	7	8	9	10	11
资源数量（人）	8	8	8	8	8	8	7	7	6	9	9
工作日	12	13	14	15	16	17	18	19	20	21	22
资源数量（人）	9	9	9	9	8	4	9	6	6	6	6

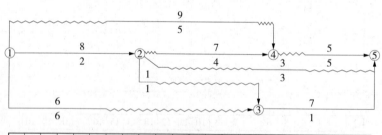

图 3-52　调整后的网络计划

3.5.3.2　工期固定—资源均衡

"工期固定—资源均衡"优化是指调整计划安排，在工期不变的条件下，使资源需要量尽可能均衡的过程，力求使每个"时间单位"的资源需要量接近于平均值，计算步骤如下：

（1）计算网络计划每个"时间单位"的资源需要量。

（2）确定削峰目标，其值等于每个"时间单位"资源需要量的最大值减去一个单位量。

(3)计算有关工作的时间差值,即

$$\Delta T_{i-j} = TF_{i-j} - (Th - ES_{i-j}) \tag{3-37}$$

优先以时间差值最大的工作 $i'—j'$ 或工作 i' 为调整对象,令

$$ES_{i'-j'} = Th$$

或

$$ES_{i'} = Th$$

(4)当峰值不能再减少时,即是优选方案,否则重复以上步骤。

【例3-10】 某网络计划如图3-53所示,图中箭线上的数为工作持续时间,箭线下的数为资源强度,试按"工期固定—资源均衡"要求进行网络优化。

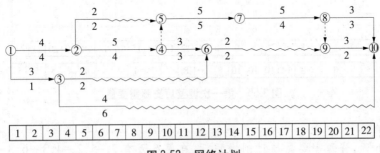

图3-53 网络计划

解:计算每日资源需要量,如图3-54日期下方列表所示。

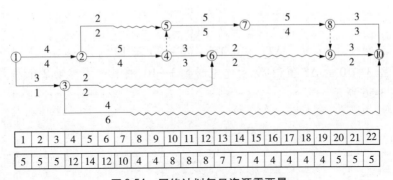

图3-54 网络计划每日资源需要量

(1)确定削峰目标。

削峰目标就是列表中最大值减去它的一个单位量。削峰目标定为 $13(14-1)$。

(2)找出下界时间点 Th 及有关工作 $i—j$ 的 EF_{i-j} 和 TF_{i-j}。

$Th = 5$,在第5天有 2—5、2—4、3—6、3—10 四个工作,相应的 ES_{i-j} 分别为 4、4、3、3,相应的 TF_{i-j} 分别为 3、0、7、15。

(3)计算有关工作的时间差值。

$$\Delta T_{2-5} = 3 - (5 - 4) = 2$$
$$\Delta T_{2-4} = 0 - (5 - 4) = -1$$
$$\Delta T_{3-6} = 7 - (5 - 3) = 5$$
$$\Delta T_{3-10} = 15 - (5 - 3) = 13$$

（4）进行工作调整。其中工作3—10的ΔT值最大，故先将该工作向右移动2 d（第5天开始），然后计算每日资源需要量，看峰值是否小于或等于削峰目标（13）。如果由于工作3—10最早开始时间改变，其他时段出现超过削峰目标的情况，则重复步骤（3）～（5），直至其他时段不超过削峰目标，如图3-55所示。

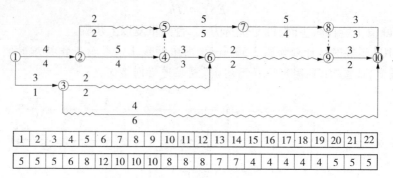

图3-55　第一次调整后资源需要量

（5）进行第二次调整。经第一次调整后，资源最大值为12，故削峰目标定为11。逐日检查至第6天，资源需要量超过削峰目标，在第6天有2—5、2—4、3—6、3—10四个工作，相应的ES_{i-j}分别为4、4、3、3，相应的TF_{i-j}分别为3、0、7、15，计算工作的时间差值为

$$\Delta T_{2-5} = 3 - (6 - 4) = -1$$
$$\Delta T_{2-4} = 0 - (6 - 4) = -2$$
$$\Delta T_{3-6} = 7 - (6 - 3) = -4$$
$$\Delta T_{3-10} = 15 - (6 - 3) = 12$$

其中工作3—10的ΔT值最大，故优先调整3—10，将其向右移动2 d，资源需要量变化情况如图3-56所示。

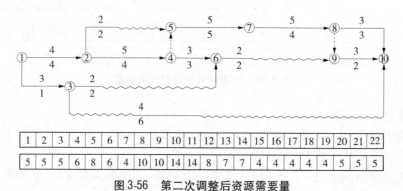

图3-56　第二次调整后资源需要量

（6）进行第三次调整。由图3-56可知在第10、11天资源需要量超过削峰目标。计算这一时段工作的ΔT值，其中工作3—10的ΔT值最大，因此调整工作3—10，将其向右移动4 d，资源需要量变化情况如图3-57所示。

（7）进行第四次调整。由图3-57可知在第12、13、14天资源需要量超过11。计算这一时段工作的ΔT值，其中工作3—10的ΔT值最大，因此调整工作3—10，将其向右移动

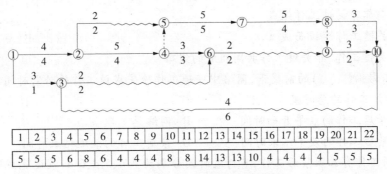

1	2	3	4	5	6	7	8	9	10	11	12	13	14	15	16	17	18	19	20	21	22
5	5	5	6	8	6	4	4	4	8	8	14	13	13	10	4	4	4	4	5	5	5

图 3-57　第三次调整后资源需要量

3 d,资源需要量变化情况如图 3-58 所示。

(8)重复上述步骤,最后削峰目标定为 11,不能再减少了。优化计算结果如图 3-58 所示。

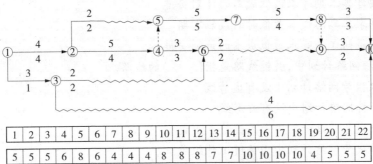

1	2	3	4	5	6	7	8	9	10	11	12	13	14	15	16	17	18	19	20	21	22
5	5	5	6	8	6	4	4	8	8	8	7	7	10	10	10	10	4	4	5	5	5

图 3-58　第四次调整后资源需要量

习　题

一、填空题

1. 网络图根据绘图符号的不同可以分为_____和_____两种。

2. 单代号网络图中的箭杆仅表示_____,它既不_____也不_____。

3. 网络计划的优化,分为_____、_____和_____3 种。

4. 双代号网络图的三要素是_____、_____和线路。

二、单项选择题

1. 双代号网络图中的虚工作(　　)。

　A. 不占用时间,但消耗资源　　　　B. 不占用时间,不消耗资源

　C. 既占用时间,又消耗资源　　　　D. 占用时间,不消耗资源

2. 非关键线路的组成中,是由(　　)。

　A. 至少有一项或一项以上非关键工作存在

B. 全部非关键工作组成

C. 关键工作连接而成

D. 关键工作、非关键工作共同组成的线路

3. 在不影响(   )的前提下,网络中一项工作除完成该工作的必需时间外拥有的机动时间是指该工作的总时差。

A. 紧后工作的最早开始时间   B. 网络总工期

C. 紧后工作的最早结束时间   D. 紧前工作的最迟结束时间

4. 某项工作有三项紧后工作,其持续时间分别为 4 d、5 d、6 d;最迟完成时间分别为第 18 天、第 16 天、第 14 天,本工作的最迟完成时间是第(   )天。

A. 14   B. 11   C. 8   D. 6

5. 费用优化寻求的目标是(   )。

A. 寻求工程总成本最低时的工期安排

B. 按计算工期寻求最低成本的计划安排

C. 寻求工期总成本最低时的最短工期

D. 按最短工期寻求最低成本的计划安排

6. 在工程网络计划中,关键线路是指(   )的线路。

A. 双代号网络计划中没有虚箭线

B. 时标网络计划中没有波形线

C. 双代号网络计划中由关键节点组成

D. 单代号网络计划中由关键工作组成

7. 在某工程单代号网络计划中,错误的说法是(   )。

A. 关键线路只有一条

B. 在计划实施过程中,关键线路可以改变

C. 关键工作的机动时间最少

D. 相邻关键工作之间的时间间隔为 0

8. 已知某工程网络计划中工作 M 的自由时差为 3 d,总时差为 5 d,现实际进度影响总工期 1 d,在其他工作均正常的前提下,工作 M 的实际进度比计划进度拖延了(   )。

A. 3 d   B. 4 d   C. 5 d   D. 6 d

9. 工程网络计划执行过程中,如果某项工程的实际进度拖延的时间等于总时差,则该工作(   )。

A. 不会影响其紧后工作的最迟时间

B. 不会影响其后续工作的正常进行

C. 必定影响其紧后工作的最早时间

D. 必定影响其后续工作的最早开始

10. 不允许中断工作,资源优化和资源分配的原则是(   )。

A. 按时差从大到小分配资源   B. 非关键工作优先分配资源

C. 关键工作优先分配资源   D. 按工作每日需要资源量大小分配资源

11. 双代号网络的三要素是指(   )。

A. 节点、箭杆、工作作业时间

B. 紧前工作、紧后工作、关键线路

C. 工作、节点、线路

D. 工期、关键线路、非关键线路

12. 利用工作的自由时差,其结果是(　　)。

A. 不会影响紧后工作、也不会影响总工期

B. 不会影响紧后工作、但会影响工期

C. 会影响紧后工作,但不会影响工期

D. 会影响紧后工作和工期

13. 某项工作有两项紧后工作C、D,最迟完成时间分别是第20天、第15天,工作持续时间分别是7 d、12 d,则本工作的最迟完成时间是第(　　)天。

A. 13　　　　　　　B. 3　　　　　　　C. 8　　　　　　　D. 15

14. 关于自由时差和总时差,下列说法中错误的是(　　)。

A. 自由时差为0,总时差必定为0

B. 总时差为0,自由时差必定为0

C. 在不影响总工期的前提下,工作的机动时间为总时差

D. 在不影响紧后工作最早开始时间的前提下,工作的机动时间为自由时差

15. 工作H有三项紧前工作A、B、C,它们的最早开始时间分别是第4天、第6天、第7天,工作持续时间分别是5 d、7 d、8 d,工作H的持续时间是8 d,则工作H的最早开始时间是第(　　)d。

A. 13　　　　　　　B. 15　　　　　　　C. 21　　　　　　　D. 23

16. 某分部工程双代号时标网络如图3-59所示,其中工作A的总时差和自由时差(　　)。

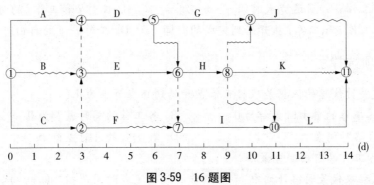

图3-59　16题图

A. 分别为1和0　　B. 均为1　　　C. 分别为2和0　　D. 均为0

17. 已知某工程双代号网络计划的计划工期等于计算工期,且工作M的开始节点和完成节点均为关键节点,下列关于工作M的说法正确的是(　　)。

A. 为关键工作

B. 总时差等于自由时差

C. 自由时差为0

D. 总时差大于自由时差

18. 在网络计划中,工作 N 最迟完成时间为第 25 天,持续时间为 6 d。该工作有三项紧前工作,它们的最早完成时间分别为第 10 天、第 12 天、第 13 天,则工作 N 的总时差为( )d。

    A. 6   B. 9   C. 12   D. 15

19. 在网络计划中,工作 N 最早完成时间为第 17 天,持续时间为 5 d。该工作有三项紧后工作,它们的最早开始时间分别为第 25 天、第 27 天、第 30 天,则工作 N 的自由时差为( )d。

    A. 13   B. 8   C. 3   D. 5

20. 在网络计划执行过程中,若某项工作比原计划拖后,当拖后的时间大于其拥有的自由时差时,则肯定影响( )。

    A. 总工期   B. 后续工作   C. 所有紧后工作   D. 某些紧后工作

21. 某工程双代号网络计划如图 3-60 所示,其关键线路有( )条。

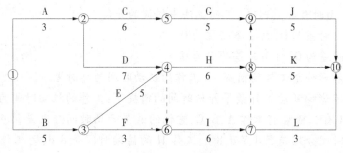

图 3-60 21 题图

    A. 1   B. 2   C. 3   D. 8

22. 在单代号搭接网络计划中,STF_{i-j} 表示( )。

    A. 工作 $i—j$ 最迟完成时间   B. 工作 i 和工作 j 的时间间隔

    C. 工作 i 和工作 j 从开始到完成的时间   D. 工作 $i—j$ 的自由时差

三、多项选择题

1. 确定关键线路的依据是从起点节点开始到终点节点为止( )。

    A. 各工作的自由时差都为 0   B. 各工作的总时差都为 0

    C. 线路时间最长   D. 各工作的总时差最小

    E. 各工作的自由时差最小

2. 在工程双代号网络计划中,某项工作的最早完成时间是指其( )。

    A. 开始节点的最早时间与工作总时差之和

    B. 开始节点的最早时间与工作持续时间之和

    C. 完成节点的最迟时间与工作持续时间之差

    D. 完成节点的最迟时间与工作总时差之差

    E. 完成节点的最迟时间与工作自由时差之差

3. 以下关于关键工序、关键线路的描述正确的有( )。

A. 关键线路是网络计划所有线路中工序最多的一条线路

B. 关键线路是网络计划所有线路中总持续时间最长的线路

C. 关键线路是网络计划所有线路中全部由关键工作组成的线路

D. 关键线路是网络计划所有线路中全部由总时差最小的工作组成的线路

E. 关键线路是网络计划所有线路中工作持续时间最大的那个工作所在的线路

4. 时标网络计划的特点包括(　　)。

A. 箭线的水平投影长度表示工作持续时间

B. 可直接显示工作的总时差和关键线路

C. 便于统计工料机和资源消耗

D. 绘制时不易产生循环回路的错误

E. 调整和修改不方便

5. 某分部分项工程双代号网络计划如图 3-61 所示,其中关键工作有(　　)。

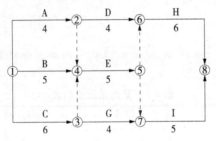

图 3-61　5 题图

A. 工作 B　　B. 工作 C　　C. 工作 D　　D. 工作 E　　E. 工作 H

6. 某分部工程双代号时标网络计划如图 3-62 所示,该计划所提供的正确信息有(　　)。

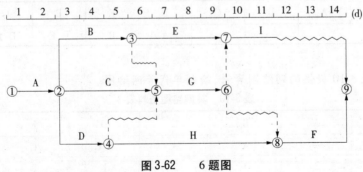

图 3-62　　6 题图

A. 工作 B 的总时差为 3 d

B. 工作 C 的总时差为 2 d

C. 工作 D 为关键工作

D. 工作 E 的总时差为 3 d

E. 工作 G 的自由时差为 2 d

7. 在网络计划中,工作之间的逻辑关系包括(　　)。

  A. 工艺关系   B. 组织关系   C. 部门关系

  D. 技术关系   E. 协调关系

8. 在利用网络图编制施工进度计划时,用节点及其编号来表示的工作有( )。

  A. 横道图   B. 双代号网络图   C. 单代号网络图

  D. 双代号时标网络图 E. 单代号搭接网络图

四、判断题

1. 网络中不允许出现闭合回路。   ( )

2. 总时差具有双重性,既为本工作所用,又属于整条线路。   ( )

3. 双代号网络图中不允许出现箭线交叉。   ( )

4. 网络图中通常只允许出现一条关键线路。   ( )

5. 网络图中的逻辑关系就是指工作的先后顺序。   ( )

五、综合题

1. 某网络图资料如表3-8所示,试绘制双代号网络图并计算六大时间参数,确定关键线路(以节点或工作表示)。

表3-8 某网络图资料表1

工作	A	B	C	D	E	F
紧前工作	—	A	A	B、C	C	D、E
持续时间(d)	2	3	2	1	2	1

2. 已知某网络图资料如表3-9所示,试绘制双代号网络图。

表3-9 某网络图资料表2

工作	A	B	C	D	E	F	G	H
紧前工作	—	—	—	A	B	D、E	D、E	F、G

3. 根据表3-10提供的网络图资料,绘制单代号网络图。

表3-10 某网络图资料表3

工作	A	B	C	D	E	F
紧前工作	—	A	A	B、C	C	D、E
持续时间(d)	2	3	2	1	2	1

4. 根据表3-11所示的工作之间的逻辑关系,绘制双代号网络图。

表3-11 工作之间的逻辑关系

工作	A	B	C	D	E	F	G	H	I
紧后工作	D	E、G	F	G	H	H、I	—	—	—

5. 某单项工程,按如图 3-63 所示进度计划网络图组织施工。原计划工期是 170 d,在第 75 天进行的进度检查时发现:工作 A 已全部完成,工作 B 刚刚开工。由于工作 B 是关键工作,所以它拖后 15 d 将导致总工期延长 15 d。本工程各工作相关参数见表 3-12。

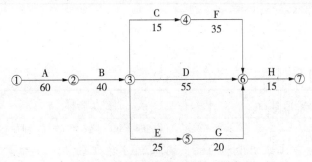

图 3-63　某单项工程进度计划网络图

表 3-12　各工作相关参数

序号	工作	最大可压缩时间(d)	赶工费用(元/d)
1	A	10	200
2	B	5	200
3	C	3	100
4	D	10	300
5	E	5	200
6	F	10	150
7	G	10	120
8	H	5	420

问题:(1)为使本单项工程仍按原工期完成,必须调整原计划,问应如何调整原计划,才能既经济又保证整修工作在计划的 170 d 内完成,列出详细调整过程。

(2)试计算调整后,所需投入的赶工费。

(3)重新绘制调整后的进度计划网络图,并列出关键线路(以工作表示)。

项目4 单位工程施工组织设计

【学习目标】

知识目标	能力目标	权重
单位工程施工组织设计的编制依据、编制程序	能正确识别依次施工、平行施工、流水施工的不同单位工程施工组织设计的编制依据、编制程序	20%
单位工程施工组织设计的内容	能正确识别单位工程施工组织设计的内容	30%
单位工程施工组织设计实例	能正确编制单位工程施工组织设计	50%

【教学准备】 教材、教案、PPT课件、建设项目实例资料、施工现场等。

【教学建议】 通过案例导入、典型问题的提问,引导和激发学生对流水施工组织相关知识点的兴趣。在多媒体教室、施工现场采用资料展示、实物对照、分组学习、案例分析、翻转课堂等方法进行教学。

【建议学时】 10学时

任务4.1 概　述

单位工程施工组织设计是进行单位工程施工组织的指导性文件,是施工前的一项重要准备工作,也是施工企业实现生产科学管理的重要手段。它针对具体的拟建单位工程,通过对整个施工过程进行科学的规划,使投入到施工中的人力、物力、财力以及技术最大限度地发挥作用,保证施工有条不紊地进行,实现项目的质量、工期和成本目标。

4.1.1 单位工程施工组织设计编制依据

单位工程施工组织设计编制的主要依据有:

(1)施工组织总设计。当单位工程为整个建设项目中的一个组成部分时,该单位施工组织设计必须按照施工组织总设计的各项指标和任务要求来编制,例如进度计划的安排应符合总设计的要求等。

(2)施工现场条件和地质勘察资料。如施工现场的地形、地貌、地上与地下障碍物,工程地质条件、水文地质情况、交通运输道路、施工现场可占用的场地面积、气象资料（如施工期间的最低、最高气温及延续时间，雨季、雨量）等。

（3）经过会审的施工图、设计单位对施工的要求。包括单位工程的全部施工图纸、会审记录和相关标准图等有关设计资料。较复杂的工业建筑、公共建筑和高层建筑等，还应了解设备安装对土建施工的要求，设计单位对新结构、新技术、新材料和新工艺的要求。

（4）资源配备情况。施工中需要的劳动力、施工机械设备、材料、预制构件及半成品供应情况。例如工程所在地的主要建筑材料、构配件、半成品的供货来源，供应方式及运距和运输条件等。

（5）施工企业年度生产计划对该工程项目的安排和规定的有关指标。如开工、竣工时间，其他项目穿插施工的要求等。

（6）建设单位可能提供的条件。如现场"三通一平"情况，临时设施以及合同中约定的建设单位供应材料、设备的时间等。建设单位可能提供的临时房屋数量，水、电供应量，以及水压、电压等能否满足施工要求。

（7）建设单位的要求、建设单位签订的工程承包合同。例如开工、竣工时间，对项目质量、建材以及其他的一些特殊要求等。

（8）主管部门的批示文件。如上级机关对该项工程的有关批示文件和要求。

（9）项目相关的技术资料。国家或行业有关的规范、标准、规程、法规、图集以及地方标准和图集等，预算文件、地区定额手册、企业相关的经验资料、企业定额等。

（10）有关的参考资料以及类似工程施工组织设计实例等。

4.1.2　单位工程施工组织设计编制程序

单位工程施工组织设计的编制程序，是对其各个组成部分形成的先后次序以及相互之间的制约的处理。根据工程的特点和施工条件的不同，编制的程序繁简不一，一般的单位工程施工组织设计的编制程序如图 4-1 所示。

任务 4.2　单位工程施工组织设计

4.2.1　工程概况

单位工程施工组织设计之初就应对工程的最基本情况如建设单位、设计单位、监理单位、建筑面积、结构形式、造价等做简要介绍。对这些基本情况的介绍可以做成工程概况表的形式，如表 4-1 所示。

4.2.1.1　建设工程特征

（1）工程建设情况：拟建工程的建设单位、工程名称、造价、开工日期、竣工日期、设计单位、监理单位等。

（2）建筑结构情况：拟建工程的建筑面积、建筑层数、建筑高度、基础类型、埋置深度、结构类型、抗震设防烈度、是否采用新结构、新技术、新工艺和新材料等。

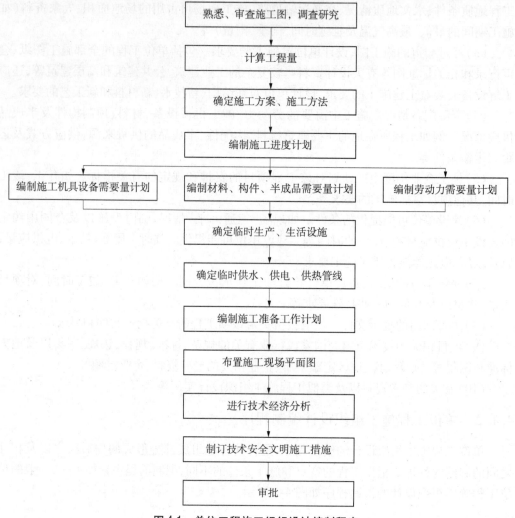

图 4-1　单位工程施工组织设计编制程序

4.2.1.2　建设地点特征

建设地点特征主要介绍拟建工程的位置、地形、地貌、工程地质、水温条件、气温、冬雨季施工、主导风向、风力、抗震设防烈度等。

4.2.1.3　施工条件

施工条件主要说明拟建工程的水、电、道路及场地平整,现场临时设施、施工现场及周边环境等。

4.2.2　施工部署

施工部署是对整个建设项目的施工做出战略性部署。它是在充分了解工程情况、施工条件以及建设要求的基础上,对整个工程作出全面的安排。

4.2.2.1　工程项目结构分解

由于建设项目是一个较为庞大的体系,由不同功能的部分组成,每部分往往在构造、性质上存在着差异,所以必须有针对性地对待每一项具体内容,由部分至整体地实现项目的建设。

表 4-1 工程概况表

建设单位			工程名称	
设计单位			开工日期	
监理单位			竣工日期	
施工单位			造价	
工程概况	建筑面积		现场概况	施工用水	
	建筑高度			施工用电	
	建筑层数			施工用气	
	建筑跨度			施工道路	
	结构形式			地下水位	
	基础类型及深度			气温情况	

项目结构分解是把项目结构分解成具体的工作任务,再从多个方面(比如质量要求、技术条件、实施责任人、费用限制、持续时间等)作出详细的说明,从而形成项目计划、实施、控制、信息等管理工作的基础。

不同规模、性质或者工程范围的项目结构分解差异较大,分解时应灵活选用分解方法。例如:按照专业要素分解,土建工程可以分解为基础、主体、墙体、楼地面、屋面等,设备工程可以分解成电梯、控制系统、通信系统、生产设备等;按照实施过程分解,可以将工程项目分解成实施准备(现场准备、技术准备、采购订货、制造、供应)、施工、验收或试生产等。

在做项目分解时,应注意以下几条常见的分解原则:

(1)确保项目单元内容的完整,不遗漏任何必要组成部分。

(2)线性分解,项目单元不交叉,一个单元只属于上一层的项目单元。

(3)同一项目单元分解出的各个子单元应具备相同性质。

(4)分解应有一定的弹性,方便实施工程中出现设计变更等情况时做出调整。

4.2.2.2 工程项目组织机构设置

明确施工项目目标后,应合理安排工程项目的管理组织,安排和划分各个参与方的工作任务,建立施工现场的组织领导机构及职能部门。为了制订切实的目标,明确职责范围,通常需要做好以下几个方面的工作:

(1)施工项目经理部的结构和人员安排。

(2)施工项目管理总体工作流程以及制度设置。

(3)施工项目经理部各部门的责任矩阵。

(4)施工项目过程中的控制、协调、总体分析与考核的相关规定。

4.2.3　施工方案

施工方案是单位工程施工组织设计的核心,它直接影响工程的施工效率、质量、工期和经济技术效果,施工方案的选择是非常重要的工作。施工方案的选择主要包括施工流向的确定、施工顺序的确定、主要的分部分项工程施工方法的选择、施工机械的选择等内容。

4.2.3.1　施工流向的确定

施工流向是指单位工程在平面上或竖向上施工开始的部位以及进展的方向。单层建筑需分区分段地确定出在平面上的施工起点和施工流向。多层建筑不仅要确定每层平面上的施工起点和施工流向,还应确定各层或单元在竖向上的施工起点和施工流向。安排好施工流向,做到工人不窝工、施工不间歇,使得施工质量、时间、成本效果最佳。

针对具体的单位工程,在确定施工流向时一般应遵循"四先四后"的原则,即先准备后施工、先地下后地上、先主体后围护、先结构后装饰。通常应考虑以下几个因素:

(1)工业厂房的生产工艺及使用要求。影响试车投产的施工段应先施工,次要的或不影响其他施工段的后施工。

(2)建设单位对生产或使用的要求。对生产、使用要求急的部位应先施工。

(3)施工技术的复杂程度、工期的长短。对技术复杂、施工进度较慢、工期较长的区段或部位应先施工。

(4)房屋高低跨或高低层的不同。当建筑有高低跨或高低层时,应从并列处开始,例如柱子的吊装应从高低跨并列处开始。此外,屋面防水施工应按先低后高的顺序施工,当基础埋深不同时应先深后浅。

(5)施工现场条件和施工方案的不同。施工场地的大小、道路的布置,以及施工方案中的施工方法和施工机械都是影响施工起点和施工流向的重要因素。例如,在施工场地较狭窄的情况下,土方工程边开挖边外运余土,施工起点应选定在离道路远的部位,采用由远而近的施工流向。

(6)分部分项工程的特点及相互关系。

例如,基础工程由施工机械和施工方法决定施工的流向。

装饰工程,一般分为室内装饰和室外装饰,根据其施工质量、工期、安全、施工条件确定施工的流向。

室外装饰通常采用自上而下的施工流向,具体可以再分成水平向下和垂直向下,如图4-2所示。通常,为了保证装饰工程的质量,使房屋在主体结构完成后,有足够的沉降和收缩时间,也便于脚手架拆除,采用水平向下的施工流向。但有特殊情况时可以不按自上而下的顺序进行,比如商业性建筑为满足营业的要求,可采取自中而下的顺序进行,保证营业部分的外装饰先完成。但这种自中而下的顺序在上部进行外装饰时,易损坏、污染下部的装饰。

室内装饰装修的施工流向有自上而下和自下而上两种。自上而下是指主体及屋面防水完工后再进行室内装饰装修,如图4-2所示有水平向下和垂直向下两种,通常采用水平向下的施工流向。自上而下的施工流向不会因上层施工产生楼板渗漏影响下层装饰质

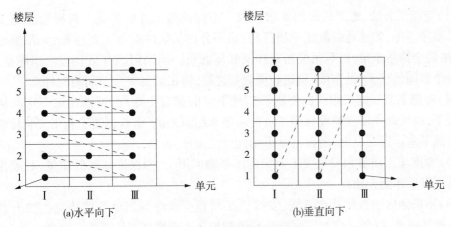

图4-2 自上而下的施工流向

量,可以避免多个工种操作互相交叉,便于组织施工,有利于安全管理,方便楼层打扫清理,但它不能与主体及屋面施工搭接,工期较长。另外,也可以采取自下而上的施工流向,如图4-3所示。虽然自下而上可以将装饰与主体平行搭接施工,但由于同时施工工序较多、工作人数较多、交叉作业多,材料供应较集中,施工机具负担重,不利于成品保护,现场组织作业和管理复杂,不便于施工安全保证,只有在工期紧迫时才考虑自下而上的施工流向。

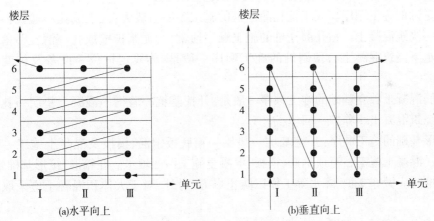

图4-3 自下而上的施工流向

4.2.3.2 施工顺序的确定

施工顺序是指分部工程、专业工程或施工阶段的先后施工次序。确定合理的施工顺序是为了按照客观的施工规律组织施工,解决多个工种之间的搭接问题,在保证施工质量和安全的前提下,充分利用施工空间,以达到缩短建设工期的目的。施工顺序应根据实际的工程施工条件和采用的施工方法来确定,通常应考虑以下因素:

(1)遵循施工程序。施工顺序应在不违背施工程序的前提下确定。

(2)符合施工工艺。施工顺序应与施工工艺顺序相一致,例如现浇钢筋混凝土梁的施工顺序为:支模板→绑扎钢筋→浇混凝土→养护→拆模板。

（3）与施工方法、施工机械的要求一致。不同的施工方法和施工机械会使施工过程的先后顺序不同，如建造装配式单层厂房，采用分件吊装法的施工顺序是：先吊装全部柱子，再吊装全部吊车梁，最后吊装所有屋架和屋面板。而采用综合吊装法的顺序是：先吊装完一个节间的柱子、吊车梁、屋架和屋面板之后，再吊装另一个节间的构件。

（4）考虑工期和施工组织的要求。如地下室的混凝土地坪，可以在地下室的楼板铺设前施工，也可以在楼板铺设后施工。但从施工组织来讲，前者更便于利用安装楼板的起重机向地下室运送混凝土，所以通常采用此施工顺序。

（5）考虑施工质量和安全要求。如砌体基础回填土，为保证基础的质量，必须在砌体达到强度以后才能开始。

（6）不同地区的气候特点不同，安排施工过程应考虑到当地气候特点。如土方工程施工应避开雨季，以免基坑被雨水浸泡或遇到地表水而增加基坑开挖的难度。

常见的建筑结构有多层砌体结构（砖混结构）、多高层全现浇钢筋混凝土结构、装配式钢筋混凝土结构等。现浇钢筋混凝土结构是目前应用最广泛的建筑形式，其总体施工可分为三个阶段，即基础工程施工、主体工程施工、装饰和设备安装工程施工。现以多高层现浇钢筋混凝土结构为例介绍其施工顺序。

1. 基础工程（地下工程）施工顺序

对于钢筋混凝土结构工程，常见的基础形式有桩基础、独立基础、筏形基础、箱形基础以及复合基础等，不同的基础其施工顺序（工艺）不同。

桩基础的施工顺序。人工挖孔灌注桩的施工顺序一般为：人工成孔→验孔→落放钢筋骨架→浇筑混凝土。钻孔灌注桩的施工顺序通常为：泥浆护壁成孔→清孔→落放钢筋骨架→水下浇筑混凝土。预制桩的施工顺序一般是：放线定桩位→设备及桩就位→打桩→检测。

钢筋混凝土独立基础的施工顺序一般是：开挖基坑→验槽→混凝土垫层→扎钢筋支模板→浇筑混凝土→养护→回填土。

箱形基础的施工顺序：开挖基坑→垫层→箱底板钢筋、模板及混凝土施工→箱墙钢筋、模板、混凝土施工→箱顶钢筋、模板、混凝土施工→回填土。在箱形、筏形基础施工中，土方开挖时应做好支护、降水等工作以防止塌方，另外，对于大体积混凝土应采取防裂缝措施。

2. 主体工程施工顺序

对于主体工程的钢筋混凝土结构，总体上可以分为两大类构件。一类是竖向构件，如墙、柱等，另一类是水平构件，如梁、板等，施工总顺序为"先竖向再水平"。

对竖向构件，柱与墙的施工顺序基本相同，即放线→绑扎钢筋→预留预埋→支模板及脚手架→浇筑混凝土→养护。

对水平构件，梁、板一般同时施工，其顺序为：放线→搭脚手架→支梁底模、侧模→扎梁钢筋→支板底模→扎板钢筋→预留预埋→浇筑混凝土→养护。

随着商品混凝土的广泛应用，一般同一楼层的竖向构件与水平构件可以同时进行混凝土浇筑。

3. 装饰与设备安装工程施工顺序

对于装饰工程,总体施工顺序一般是先外后内,室外由上到下,室内既可以由上向下,也可以由下向上。对于多高层钢筋混凝土结构建筑,特别是高层建筑,为了缩短工期,装饰和水、电、暖通设备工程常与主体结构施工搭接进行,一般在主体结构做好几层后便开始。装饰和水、电、暖通设备安装阶段的分项工程较多,各分项工程之间、分项工程的各工序之间,均应按一定的施工顺序进行。由于高层建筑的楼层多、工作面多,可组织立体交叉作业,但高层建筑内部管线繁多,施工复杂,组织交叉作业必须注意其相互关系的协调以及质量和安全问题。

4.2.3.3 主要的分部分项工程施工方法的选择

施工方法的确定通常有以下几个原则:

(1)具有针对性。确定某个分部分项工程的施工方法时,应结合其具体情况制定。如模板工程应结合该分项工程的特点来确定其模板的组合、支撑及加固方案,画出相应的模板设计安装图。

(2)体现先进性、经济性和适用性。选择某个具体的施工方法(工艺)首先应考虑其先进性,同时还应考虑在保证施工质量的前提下,该方法是否经济适用。

(3)落实保障措施。在拟订施工方法时不仅要确定操作过程,还应提出质量要求,并列出相应的质量保证措施、施工安全措施。

主要的分部分项工程施工,包括以下几个方面。

1. 土石方工程

计算土石方工程量,确定开挖或爆破方法,选择相应的施工机械。当采用人工开挖时,要按工期确定劳动力数量,确定如何分段施工。当使用机械开挖时,应选择机械开挖的方式,确定挖掘机型号、数量、行走线路,以充分利用机械能力,提高挖土效率。

在地形复杂的地区进行场地平整时,确定土石方调配方案。基坑较深时,应根据土壤类别确定边坡坡度、土壁支护方法,保证施工安全。当基坑深度低于地下水位时,应选择降低地下水位的方法,确定降水设备。

2. 基础工程

当基础设施工缝时,应明确留缝位置和技术要求。拟订浅基础的垫层、混凝土和钢筋混凝土基础施工的技术要求、有地下室时的防水施工要求。确定桩基础的施工方法和施工机械。

3. 砌筑工程

明确砖墙的砌筑方法和质量要求、砌筑施工中的流水分段和劳动力组合形式、脚手架搭设方法和技术要求。

4. 钢筋混凝土工程

确定混凝土工程施工方案,如滑模法、爬升法或其他方法。确定模板类型和支模方法,重点应考虑提高模板周转利用次数,为节约人力和降低成本,对于复杂工程还需进行模板设计、绘制模板放样图或排列图。选择混凝土的制备方案,采用商品混凝土或现场搅拌混凝土。确定搅拌、运输及浇筑的顺序和方法,选择泵送混凝土和垂直运输混凝土机械。选择混凝土搅拌、振捣设备的类型和规格,确定施工缝的留设位置。

钢筋工程应选择恰当的加工、绑扎和焊接方法。如采用预应力混凝土应确定预应力混凝土的施工方法、控制应力和张拉设备。钢筋作现场预应力张拉时,应制订详细的预应力钢筋加工、运输、安装和检测方法。

5. 结构吊装工程

根据选用的机械设备确定结构吊装方法,安排吊装顺序、机械位置、开行路线和构件的制作拼装场地等。确定构件的运输、装卸、堆放方法,所需机具、设备型号和数量以及对运输道路的要求。

6. 装饰工程

围绕室内外装修,确定采用工厂化、机械化施工方法。拟定施工工艺流程、劳动组织、所需机械设备、材料堆放场地、平面布置和储存要求。

7. 现场垂直、水平运输

确定垂直运输量,有标准层的应确定标准层的运输量。选择垂直运输方式,脚手架的选择及搭设方式、垂直运输设施的位置,综合安排各种垂直运输设施的任务和服务范围。合理选择水平运输方式及设备型号、数量,配套使用的专用工具、设备,地面和楼层水平运输的行驶路线。

4.2.3.4 施工机械的选择

工程的主要施工机械包括地下工程的土方机械,主体结构工程的垂直、水平运输机械,结构吊装工程的起重机械等。

选择辅助施工机械时,应充分发挥主要施工机械的生产效率,要使两者的台班生产能力相协调,并确定出辅助施工机械的类型、型号和台数。例如,土方工程中自卸汽车的载重量为挖掘机斗容量的整数倍,汽车的数量应保证挖掘机连续工作,以提高挖掘机的效率。

另外,为加强施工机械管理,同一施工现场的机械型号应尽可能少,当工程量大而且集中时,尽量选用专业化施工机械;当工程量小而分散时,可选择多功能的施工机械。还应选用施工单位的现有机械,提高现有机械的利用率,以减少投资,降低成本。当现有施工机械不能满足工程需要时,可购置或租赁所需机械。

4.2.4 施工进度计划

单位工程施工进度计划是在施工方案确定之后,对工程的施工顺序、各个项目的持续时间及项目之间的搭接关系、开竣工时间、总工期做出的安排。可用横道图或网络图(双代号、单代号以及时标网络图)进行表示。在进度计划图的基础上,编制劳动力计划、材料供应计划、成品和半成品计划、机械需用量计划等。

4.2.4.1 单位工程施工进度计划的编制依据

(1)施工组织总设计中的施工总进度计划、总工期、开竣工日期。

(2)经过审批的建筑总平面图、地形图、单位工程施工图、设备及基础图、相关标准图等。

(3)施工场地、水文、地质、气象条件及其他技术资料。

(4)劳动力、材料、构件、机械等资源的供应条件,分包单位情况等。

(5)主要分部(项)工程的施工方案、施工预算。

(6)劳动定额、机械台班定额、本企业施工水平。

(7)工程承包合同及业主的合理要求。

4.2.4.2　单位工程施工进度计划的编制程序

单位工程施工进度计划的编制程序如图4-4所示。

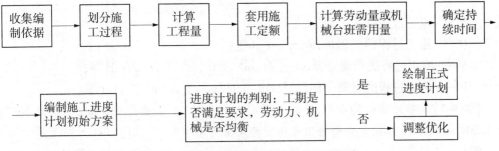

图4-4　单位工程施工进度计划的编制程序

4.2.4.3　单位工程施工进度计划的编制

1. 划分施工过程

施工过程是进度计划的基本组成单元。编制施工进度计划时,首先应结合具体的施工项目,按图纸和施工顺序,把拟建工程分解成多个施工过程,填入施工进度计划表。这里的施工过程主要包括直接在建筑上进行施工的所有分部分项工程,不包括加工厂的预制加工和运输,因为这些施工过程可以提前完成,不进入到进度计划中。在确定施工过程时,应注意施工过程划分的粗细程度、施工方法、施工工艺要求等几个问题。

2. 计算工程量

施工过程划分之后,应计算每个施工过程的工程量。工程量应严格按照施工图纸、工程量计算规则、相应的施工方法以及施工方案进行计算。如果预算文件已经编制,一般可直接利用预算文件中有关工程量,有些项目的工程量有出入但相差不大时,可根据实际情况做调整。

计算工程量时应注意以下几个问题:各分部分项工程的计算单位必须与现行施工定额的计量单位一致,以便计算劳动量和材料、机械台班消耗量时直接套用;结合分部分项工程的施工方法和技术安全的要求计算工程量(例如,土方开挖应考虑土的类别、挖土方法、边坡支护和地下水的情况等);结合施工组织的要求,分层、分段计算工程量;考虑编制其他计划时使用工程量数据的方便,做到一次计算多次使用。

3. 计算劳动量和机械台班数

计算完每个施工过程的工程量后,可以根据现行的劳动定额,计算各施工过程的劳动量和机械台班数。

定额一般分为产量定额和时间定额。产量定额是指在合理的技术组织条件下,某种技术等级的工人小组或个人在单位时间内所完成的质量合格产品的数量,一般用符号 S 表示,常用的单位有 m^2(m^3、m、t、…)/工日。时间定额是指某种专业或技术等级的工人小组或个人在合理的技术组织条件下,完成单位合格产品所必须消耗的工作时间,一般用

符号 H 表示,常用的单位有工日/m²(m³、m、t、…)。产量定额与时间定额互为倒数,即

$$H = \frac{1}{S} \quad \text{或} \quad S = \frac{1}{H} \tag{4-1}$$

设某施工过程的工程量为 Q,则该施工过程所需劳动量为

$$P = \frac{Q}{S} \quad \text{或} \quad P = QH \tag{4-2}$$

式中　P——施工过程所需劳动量,工日;

　　　Q——施工过程的工程量,m、m²、m³、t 等;

　　　S——施工过程的产量定额,m/工日、m²/工日、m³/工日、t/工日等;

　　　H——施工过程的时间定额,工日/m、工日/m²、工日/m³、工日/t 等。

【例 4-1】 某砌体结构房屋,外墙采用实心砖砌筑,工程量为 958 m³,劳动定额产量为 1.204 m³/工日,计算完成砌墙工程所需劳动量为多少?

解:

$$P = \frac{Q}{S} = \frac{958}{1.204} = 795.68(\text{工日})$$

取整数,即 796 工日。

当某一施工过程由两个或两个以上的不同分项工程合并而成时,其劳动量应为所有分项工程单独计算的劳动量之和,即

$$P = \sum_{i=1}^{n} P_i = P_1 + P_2 + P_3 + \cdots + P_n \tag{4-3}$$

机械台班数的确定,可以用式(4-4)进行计算:

$$P_{\text{机械}} = \frac{Q_{\text{机械}}}{S_{\text{机械}}} \quad \text{或} \quad P_{\text{机械}} = Q_{\text{机械}} H_{\text{机械}} \tag{4-4}$$

式中　$P_{\text{机械}}$——施工过程所需机械台班数,台班;

　　　$Q_{\text{机械}}$——施工过程中机械完成的工程量,m、m²、m³、t 等;

　　　$S_{\text{机械}}$——施工过程中机械的产量定额,m/台班、m²/台班、m³/台班、t/台班等;

　　　$H_{\text{机械}}$——施工过程中机械的时间定额,台班/m、台班/m²、台班/m³、台班/t 等。

【例 4-2】 某工程机械挖土方,挖土方量为 2 860 m³,挖土机的机械台班产量定额是 120 台班/m³,计算挖土机所需台班数为多少?

解:

$$P_{\text{机械}} = \frac{Q_{\text{机械}}}{S_{\text{机械}}} = \frac{2\,860}{120} = 23.83(\text{台班})$$

取整数,即 24 台班。

4. 确定工作班制

在编制施工进度计划时,考虑到施工工艺和施工进度的要求,应选择好工作班制。通常采用一班制,在有施工工艺或施工进度的需求时,可以采用两班制或三班制。例如,在混凝土浇筑时,为了使混凝土连续浇筑,以缩短施工时间,减少混凝土接缝处理,常采用两班制或三班制作业。

5. 确定各施工过程的持续时间

计算出各施工过程的劳动量或机械台班后,可根据现有的人力或机械来确定各施工过程的作业时间。根据施工条件及施工工期要求不同,确定施工过程的持续时间一般有以下三种方法。

1)定额计算法

根据施工过程的工程量、劳动量、工作班制、施工人数、机械台班数进行计算:

$$T = \frac{Q}{SNR} = \frac{P}{NR} \tag{4-5}$$

式中　T——施工过程持续的时间,d;

Q——施工过程的工程量,m、m^2、m^3、t 等;

S——施工过程的产量定额,m/工日、m^2/工日、m^3/工日、t/工日等;

P——施工过程中所需劳动量,工日;

N——施工过程的班组人数,人;

R——每天的工作班制,班。

【例 4-3】　某工程中,梁板柱混凝土浇筑需要总劳动量为 210 工日,采用两班制,每班工作人数为 15 人,那么完成梁板柱混凝土浇筑所持续的时间是多少?

解:

$$T = \frac{Q}{SNR} = \frac{P}{NR} = \frac{210}{15 \times 2} = 7(天)$$

2)由施工工期倒排计算

根据施工总工期和施工经验,先确定各施工过程的持续时间,再按劳动量和工作班次确定每个施工过程所需的班组数、班组人数、机械台班数,计算公式为

$$R = \frac{P}{NT} \tag{4-6}$$

通常在计算时,先考虑一班制进行施工进度安排,如果每天所需工人人数或机械台班数已经超过了现有人力、物力或工作面,再考虑增加工作班次或采用其他措施进行调节。

3)经验估算法

根据以往的施工经验估算某一施工过程的持续时间。先估计出该施工过程的最长(最悲观)、最短(最乐观)、最有可能的三种时间,再由此求出期望持续时间作为该施工过程的持续时间,计算公式为

$$t = \frac{a + 4c + b}{6} \tag{4-7}$$

式中　t——施工过程持续的时间,d;

a——施工过程最长的时间,d;

b——施工过程最短的时间,d;

c——施工过程最有可能的时间,d。

6. 编制进度计划初始方案

根据以上各项的计算结果可编制施工进度计算的初始方案。通常是编制横道图计划,在编制过程中尽可能采用流水施工,保持施工的连续、均衡。编制顺序一般是:先绘制

施工进度时间表,再确定主导施工过程,最后绘制初始横道图。

7. 施工进度计划的检查与调整

初始施工进度计划完成后,应根据施工工期和资源等实际情况对其进行检查、调整和优化。主要检查各施工过程的施工顺序、平行搭接和技术组织是否合理,计划工期能否满足合同工期的要求,劳动力和物资资源等是否能保证均衡、连续施工。

根据检查结果,对不满足要求之处,可以通过增加或缩短某施工过程的持续时间、修改施工方法或施工技术组织措施等进行调整。在满足工期的条件下,通过调整,使劳动力、材料、设备需要等趋于均衡,主要施工机械利用合理。另外,在施工过程中,实际施工进度往往会因人力、物力以及现场客观条件的变化而改变,所以应经常检查和调整施工进度计划。

4.2.5　资源需要量计划

资源需要量计划是指在施工中所需的材料、劳动力、构件、半成品、机械等需要量计划。资源需要量计划包含各种技术工人和各种技术物资的需要量,它是有关职能部门按计划进行调配的依据。根据资源需要量计划可以及时组织劳动力和物资的供应,确定工地临时设施,保证施工顺利地进行。

4.2.5.1　劳动力需要量计划

将各施工过程所需要的主要工种劳动力,根据施工进度的安排进行统计,即可编制出主要工种劳动力需要量计划,如表 4-2 所示。它主要是为施工现场的劳动力调配、安排生活福利设施、衡量劳动力消耗指标提供依据。

表 4-2　劳动力需要量计划

序号	工种名称	人数	时间(月)										
			1	2	3	4	5	6	7	8	9	10	…

4.2.5.2　主要材料需要量计划

材料需要量计划主要用以备料、确定仓库或堆场面积、组织运输。可将施工预算中工料分析表或进度表中各项过程所需用材料,按材料名称、规格、供应时间并考虑到各种材料消耗汇总进行计算,如表 4-3 所示。

表 4-3　主要材料需要量计划

序号	材料名称	规格	需要量		供应时间	备注
			单位	数量		

4.2.5.3　构件和半成品需要量计划

建筑结构构件、配件、半成品的需要量计划主要用于与加工订货单位签订合同、组织加工运输、设置仓库或堆场。可根据施工图和施工进度计划编制,如表4-4所示。

表4-4　构件和半成品需要量计划

序号	构件名称	规格	图号	需求量		使用部位	加工单位	供应日期	备注
				单位	数量				

4.2.5.4　施工机械需要量计划

施工机械需要量计划主要用以确定施工机械的类型和数量,安排机械进场、工作和退场时间。可以将施工进度计划表中每个施工过程每天所需的机械类型、数量和施工工期进行汇总,得出施工机械的需要量计划,如表4-5所示。

表4-5　施工机械需要量计划

序号	机械名称	类型型号	需要量		来源	使用起止时间	备注
			单位	数量			

4.2.6　主要技术组织措施

4.2.6.1　确保工程质量的技术措施

1. 施工准备阶段的技术措施

(1)组织有关职能部门及主要施工技术人员熟悉图纸并参加图纸会审,接受设计院的设计交底,了解设计意图和业主(甲方或用户)需要,掌握工程结构特点和采用的新材料、新工艺。

(2)根据招标文件的规定和工程结构特点,结合企业自身的技术水平、管理能力及机械设备、周转材料条件,进行统筹考虑,确定施工方案,编制施工组织设计。

(3)对主要施工部位、关键项目和特殊工序的质量控制,以及采用的新技术、新工艺、新材料及建筑物使用功能等编制施工工艺文件。

(4)逐级进行技术交底。

(5)编制钢筋、各种构配件、现场混凝土需用量计划,并提出有关技术指标和质量标准。

2. 施工过程中的质量控制措施

工程最终质量取决于各分项分部工程等关键部位的施工质量,因此关键部位质量的控制极为重要。其质量控制要求加强质量的过程控制,设置工序质量控制要点,施工中加强对各质量控制要点的监控,严格执行岗位责任制,实行质量追究制度。

1)质量岗位责任制

项目经理和项目技术负责人对工程的质量全面负责,各专业工长(班组长)对分项工

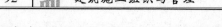

程负责,施工人员对操作面和工序质量负责。

(1)严格执行"三检制度",即自检、互检和交接检。各班组在分项工程施工中,必须进行自检和交接检,合格后,由专职质检员进行检查,并核定质量等级,交接检和互检不合格的,不得进行下一道工序施工。

(2)严格执行操作人员持证上岗制度。

(3)严格执行样板引路制度。在所有室内外装修、安装各分项工程施工中推行样板制度,经监理、设计、业主验收确认后再全面推行。

(4)坚持召开质量例会制度,定期由质量安全部召开质量专题会,针对工程中存在的质量问题,加以研究,制定措施,在以后的施工中严禁再次出现类似质量问题。

2)关键部位质量控制要点

(1)地下室、卫生间、阳台、屋面防水:严格按配合比施工,严格控制原材料特别是外加剂质量,注意混凝土振捣和养护,注意细部构造处理。

(2)钢筋工程:钢筋的下料、制作、绑扎严格按图纸设计及施工规范施工,钢筋的绑扎位置及钢筋间的相对位置要正确,钢筋的焊接、直螺纹连接等要严格检查、检验。

(3)混凝土工程:严格控制配合比、坍落度,注意试块的制取,严格控制施工缝,出现漏振、蜂窝、麻面、空洞等缺陷时不得私自处理,严格控制楼面混凝土标高。

(4)模板工程:模板设计和支撑设计要合理,模板接缝严密,结构外皮线、轴线、门窗洞口及安装预留洞口位置要准确,其模板安装要牢固,预埋件定位要准确。

(5)室内外粉刷工程:做好基层的清理、凿毛、湿润,粉刷前要刷素浆,分层抹灰,严格控制每层抹灰厚度,防止空鼓、裂缝,注意阴阳角、门窗口等细部的处理。

4.2.6.2　确保安全生产的技术组织措施

1. 安全保证措施

(1)树立"安全第一"的思想,抓生产必须安全,以安全促生产。项目部成立以项目经理为首的安全领导小组,配备专职安全工程师,负责全面的安全管理工作;各施工队同样建立健全安全领导小组,配备专职安全员,负责各项安全工作的落实,做到有计划、有组织地预测、预防事故的发生。

(2)建立健全安全生产责任制,从项目经理到生产工人,明确各自的责任,各专职机构和业务部门要在各自的业务范围内对安全生产负责;一切管理、操作人员均要就项目部安全向项目部做出安全保证。

(3)加强全员的安全意识和技术考核。使广大职工牢固树立"安全第一,预防为主"的意识,克服麻痹思想,组织职工有针对性地学习有关安全方面的规章。

(4)各类机械设备的操作工、电工、起重信号工、焊工等工种,必须经专门安全操作技术培训,考试合格后方可持证上岗,严禁酒后操作。

(5)采用新技术,使用新设备、新材料,推行新工艺之前向有关人员进行安全知识、技能、意识的全面安全教育。

2. 安全检查

(1)成立由第一负责人为首的安全检查组,并建立健全安全检查制度,有计划、有目的、有整改、有总结、有处理地进行检查。

(2)对编制和呈报的安全技术方案和安全措施,坚持经常性的安全检查,及时发现事故隐患,堵塞事故漏洞,奖罚当场兑现。

(3)坚持自查为主、互查为辅、边查边改的原则;主要查思想、查制度、查纪律、查领导、查隐患,结合季节特点,重点查防触电、防机械车辆事故、防火等措施的落实。

(4)通过改进施工方法、施工工艺,采用先进设备等措施,不断改善劳动条件,搞好劳动保护,定期对职工进行体检,预防疾病的发生。

3. 确保文明施工的技术措施

施工现场管理是施工生产的核心,文明施工直接影响企业的形象。从工程开工伊始,就把文明施工当作一件大事来抓,强化施工现场管理。施工场内的所有物品严格按施工现场平面布置图定位放置,做到图物相吻合。同时,根据工程进展,适时地对施工现场进行整理和整顿,或进行必要的调整。

(1)施工现场主要入口设置简朴规整的大门,门旁设立明显的标牌,包括工程概况牌、安全生产牌、文明施工牌、组织网络牌、消防保卫牌、施工总平面图。

(2)施工营地设置整齐美观的围墙,并按公司文明施工管理规定,在征得业主同意后,在围墙上间隔布置工程名称等。

(3)建立文明施工责任区,划分区域,明确管理人,实行挂牌制,做到现场清洁整齐,食堂卫生符合卫生标准。

(4)施工现场场地平整,道路坚实畅通,设置相应的安全防护设施和安全标志,周边设排水设施;人行通道避开作业区,设置防护,保证行人安全;施工完后及时清除积土。

(5)施工现场临时水电派专人管理,不得有长流水、长明灯。

(6)施工现场的临时设施,包括生产、办公、生活用房、仓库、料场以及照明、动力线路等,严格按施工组织设计确定的位置布置、搭设或埋设整齐。

(7)施工操作地点和周围保持清洁整齐,做到活完脚下清、工完场地清,丢洒的砂浆、混凝土及时清除。

(8)针对施工现场情况设置宣传标语和黑板报,并适时更换内容,切实起到表扬先进、促进后进的作用。

(9)施工现场严禁乱堆垃圾及余物。在适当的地点设置临时堆放点,定期外运,并且采取遮盖防漏措施,运送途中不得遗撒。

4.2.6.3 施工现场环境保护措施

针对工程施工期面临的敏感环境问题、敏感点和产生的主要环境影响和环境保护特点,依照国家、地方环境及相关法规,确定施工过程中要做的环境保护工作及具体的工作安排,使施工期的环境保护工作有序、有效进行,减少施工过程对周围环境造成的不利影响,并及时做好环境治理工作。

1. 施工准备阶段的环境保护措施

(1)调查线路附近环境状况,核实、确定施工范围内的环境敏感点,以及施工过程的重大环境因素。

(2)明确施工范围内各施工阶段应遵循的环境保护法律、法规和标准要求。

（3）制订培训计划,建立培训、考核程序,定期对直接参与环境管理的人员进行环境保护专业知识培训,对各层次工作人员进行必要的环境保护知识培训,对关键岗位员工进行岗位操作规程、能力和环境知识的专门培训,新工人进场和人员转岗都严格进行相关的环境保护培训和教育。

（4）在编制施工组织设计和分阶段施工方案时有相应的环境保护工作内容,主要包括:根据线路特点、围绕敏感点,制订的噪声、振动控制方案;预防扬尘和大气污染的工作方案和工地、生活营地的排水和废水处理方案;固体废弃物处理、处置方案;保护植被的具体工作内容等。

（5）在施工计划中安排环境保护的具体工作任务,包括方案、措施、设施、工艺、设计、培训、监测、检查等项目,计算环境保护工作的工作量并作出经费预算。

（6）做好施工现场开工前的环境保护准备工作,对开工前必须完成的环境保护工作列出明细表,明确要求,逐项完成。

2. 噪声控制措施

（1）严格按照《建筑施工场界环境噪声排放标准》（GB 12523—2011）中有关噪声的要求、规定执行,必须采取各种措施,限制和降低施工过程中的噪声。

（2）固定设备与挖土运土机械,产生噪声的部件可部分或完全封闭,并减少振动面的振幅。一切动力机械设备均应适时维修,降低噪声。必要时,应在工地边界或比较固定的产生噪声的动力机械设备附近修建临时噪声屏障。

（3）施工场地的动力机械设备合理分布,应尽量避免集中在一个地方运行。

（4）施工组织采用两班制或三班制作业,使工人每工作日实际接触噪声的时间符合国家卫生部和劳动总局颁发的允许工人日接触噪声时间标准的规定。

（5）设备选型优先考虑低噪声产品,机械设备合理布置,正确安装、固定,减少阻力及冲击振动。

（6）采用低噪声的施工工艺和方法。

（7）出入辅助施工区域的机械、车辆做到不鸣笛,不急刹车;加强设备维修,定时保养润滑,以避免或减少噪声。

3. 大气环境的保护措施

（1）对易产生粉尘、扬尘的作业面和装卸、运输过程,制定操作规程和洒水降尘制度,在线路个别地段、旱季和大风天气适当洒水,保持湿度、控制扬尘。

（2）合理组织施工、优化工地布局,使产生扬尘的作业、运输尽量避开敏感点和敏感时段（室外多人群活动的时段）。

（3）严禁在施工现场焚烧任何废弃物和会产生有毒有害气体、烟尘、臭气的物质,熔融沥青等有毒物质要使用封闭和带有烟气处理装置的设备。

（4）装卸有粉尘的材料时,采取洒水湿润或遮盖,防止沿途撒漏和扬尘。严格运输管理,做到运输过程不散落;车辆出场冲洗车轮,减少车辆携土。

4. 固体废弃物的控制措施

（1）固体废弃物、包装及时回收、清退。对可再利用的废弃物尽量回收利用。各类垃垃圾及时清理、清运,不随意倾倒,每班清扫、每日清运。

(2)施工现场无废弃砂浆和混凝土,运输道路和操作面落地料及时清理,砂浆、混凝土倒运时采取防落措施。

(3)教育施工人员养成良好的卫生习惯,不随地乱丢垃圾、杂物,保持工作和生活环境的整洁。

(4)严禁垃圾乱倒、乱卸或用于回填。施工现场和施工营地设垃圾站,各类生活垃圾按规定集中收集,每班清扫、每日清运。

4.2.6.4 确保工期的技术组织措施

1. 强化进度计划管理

(1)工程开工前,必须严格根据施工招标书的工期要求,提出工程总进度计划,并对其是否科学、合理,能否满足合同规定工期要求等问题,进行认真细致论证。

(2)在工程施工总进度计划的控制下,坚持逐月(周)编制出具体的工程施工计划和工作安排,并对其科学性、可行性进行认真的推敲。

(3)工程计划执行过程中,如发现未能按期完成工程计划,必须及时检查并分析原因,立即调整计划和采取补救措施,以保证工程施工总进度计划的实现。

2. 施工进度的控制

施工进度的控制是一个循环渐进的动态控制过程,施工现场的条件和情况千变万化,项目经理部要及时了解和掌握与施工进度有关的各种信息,不断将实际进度与计划进度进行比较,一旦发现进度拖后,要分析原因,并系统分析对后续工作产生的影响。安排有施工管理经验的人员担任管理工作,并针对技术、质量、安全、文明施工、后勤保障工作配置两位项目副经理主抓分项工作。

(1)建立严格的工序施工日记制度,逐日详细记录工程进度、质量、设计修改、工地洽商和现场拆迁等问题,以及工程施工过程必须记录的有关问题。

(2)坚持每周定期召开一次,由工程施工总负责人主持,各专业工程施工负责人参加的工程施工协调会议,听取关于工程施工进度问题的汇报,协调工程施工外部关系,解决工程施工内部矛盾,对其中有关施工进度的问题,提出明确的计划调整意见。

(3)各级领导必须"干一观二计划三",提前为下道工序的施工,做好人力、物力和机械设备的准备,确保工程一环扣一环地紧凑施工。对于影响工程施工总进度的关键项目、关键工序,有关管理人员必须跟班作业,必要时组织有效力量,加班加点突破难点,以确保工程总进度计划的实现。

3. 保证工期的技术措施

在施工生产中影响进度的因素纷繁复杂,如设计变更,技术、资金、机械、材料、人力、水电供应、气候、组织协调等方面的变化,要保证目标总工期的实现,就必须采取各种措施预防和克服上述影响进度的诸多因素,其中从技术措施入手是最直接有效的途径之一。

1)设计变更

设计变更是进度计划执行中最大的干扰因素,其中包括改变部分工程的功能引起大量变更施工工作量,以及因设计图纸本身欠缺而变更或补充造成增量、返工,打乱施工流水节奏,致使施工减速、延期甚至停顿。针对这些现象,项目经理部要通过理解图纸与业主意图,进行自审、会审和与设计院交流,采取主动姿态,最大限度地实现事前预控,把影响降到最低。

2)保证资源配置

(1)劳动力配置:在保证劳动力的条件下,优化工人的技术等级和思想、身体素质的配备与管理。以均衡流水为主,对关键工序、关键环节和必要工作面根据施工条件及时组织抢工期及实行双班作业。

(2)材料配置:按照施工进度计划要求及时进货,做到既满足施工要求,又要使现场无太多的积压,以便有更多的场地安排施工。公司建立有效的材料市场调查和采购供应部门。

(3)机械配置:为保证本工程的按期完成,需配备足够的中小型施工机械,不仅满足正常使用,还要保证有效备用。

(4)资金配备:根据施工实际情况编制月进度报表,根据合同条款申请工程款,并将预付款、工程款合理分配于人工费、材料费等各个方面,使施工能顺利进行。

(5)后勤保障:后勤服务人员要做好生活服务供应工作,重点抓好吃、住两大难题,工地食堂的饭菜要保证品种多、味道好,同时开饭时间要随时根据施工进度进行调整。

3)技术因素

(1)实行工种流水交叉、循序跟进的施工程序,抢工期间分两班昼夜作业。

(2)发扬技术力量雄厚的优势,大力应用、推广"三新项目"(新材料、新技术、新工艺),运用 ISO 9001:2008 版国际标准、TQC(全面质量管理)、网络计划、计算机等现代化的管理手段或工具为工程的施工服务。

4.2.6.5　降低成本的措施

(1)加强工程项目的成本管理,编制工程成本控制计划,定期进行成本分析,降低费用开支、增加盈利。

(2)编制科学合理的施工计划。项目部根据工程总进度计划及时编制安装工程分部施工进度计划,充分采用交叉施工、流水作业等手段,科学安排施工的各要素,并严格落实,减少窝工、停工等现象,提高劳动生产率。

(3)项目部在满足施工进度的前提下,科学编制月、季度要料计划,加强现场材料管理工作,做到用料计划准确无误,按工程进度需要,组织不同品种、规格的材料分批进场。材料、设备的采购要货比三家,最后确定供货单位,批量材料争取由厂家直接供应,以减少中间流通环节,降低材料采购的成本。进场的材料、设备要减少露天堆放的时间,防止自然损耗,减少保管费用。施工时做到限量领料、合理用料,降低材料的损耗量。

(4)采用散装水泥,节省包装费用。

(5)尽量在原材料或半成品的产地完成质量验收,减少材料报废率等。如花岗岩采购必须到矿山挑选母材。切割后,在产地验收合格后方能运至工地。

(6)施工机具配备要合理,选用效率高的施工机械,提高生产率及机械化施工水平。

(7)认真实施各项质量制度。在施工过程中,项目部应按公司质量手册、程序文件的要求确保质量体系的有效运行,严把各项质量检验关,对卫生间、隐蔽工程等重点部位加强监督检查,将质量隐患消除在萌芽状态,避免因质量问题而造成的整改、返工损失。

4.2.7 主要技术经济指标

4.2.7.1 项目施工工期

项目施工工期包括建设项目总工期、独立交工系统工期,以及独立承包项目和单项工程工期。

4.2.7.2 项目施工质量

项目施工质量包括分部工程质量、单位工程质量,以及单项工程和建设项目质量。

4.2.7.3 项目施工成本

项目施工成本包括建设项目总造价、总成本和利润,每个独立交工系统总造价、总成本和利润,独立承包项目造价、成本和利润,每个单项工程、单位工程造价、成本和利润,以及它们的产值(总造价)利润率和成本降低率。

4.2.7.4 项目施工消耗指标

项目施工消耗指标包括建设项目总用工量、独立交工系统用工量、每个单项工程用工量,以及它们各自平均人数、高峰人数和劳动力不均衡系数,劳动生产率,主要材料消耗量和节约量,主要大型机械使用数量、台班量和利用率。

4.2.7.5 项目施工安全指标

项目施工安全指标包括施工人员伤亡率、重伤率、轻伤率和经济损失四项。

4.2.7.6 项目施工其他指标

项目施工其他指标包括施工设施建造费比例、综合机械化程度、工厂化程度和装配化程度,以及流水施工系数和施工现场利用系数。

4.2.8 施工现场平面布置图

4.2.8.1 建筑工程施工平面布置的内容

(1)施工场地状况:包括施工入口、施工围挡、与场外道路的衔接,建筑总平面上已建和拟建的地上和地下的一切建(构)筑物及其他设施的位置、轮廓尺寸、层数等。

(2)生产及生活性临时设施、材料及构件堆场的位置和面积。

(3)大型施工机械及垂直运输设施的位置,临时水电管网、排水排污设施和临时施工道路的布置等。

(4)施工现场的安全、消防、保卫和环境保护设施。

(5)相邻的地上、地下既有建(构)筑物及相关环境。

大型工程的现场平面布置图一般按地基基础、主体结构、装修和机电设备安装三个阶段分别绘制。

4.2.8.2 建筑工程施工平面布置的原则

(1)在保证施工顺利进行的前提下,现场布置力求紧凑,以节约土地;市区施工时,临时性占道应获得批准。

(2)临时建筑设施的布置,不占用拟建工程的位置,避免不必要的搬迁。

(3)各种材料、半成品、构件应按进度计划分期分批进场,尽量布置在使用点附近,或随运随吊,最大限度缩短工地内部运距,减少场内二次搬运。

（4）临时设施的布置应有利生产、方便生活。

（5）充分利用原有或拟建房屋、道路，尽量减少临时设施的数量，降低临时设施费用。临时建筑采用活动房。

（6）符合劳动保护、技术安全、防火要求。

4.2.8.3 建筑工程施工平面布置的步骤

随着我国高层建筑水平的迅速发展，工程施工对垂直运输设备的要求越来越高；塔吊布置已成为施工技术措施中不可或缺的重要组成部分。目前，建筑市场的塔吊主要由机械租赁公司拥有并管理，而施工现场对于塔吊的选型和塔吊的定位布置，则是由土建施工单位负责完成的。这种介于土建施工与机械管理范畴之间的大型施工机械，往往使得土建人员在对其进行施工布置设计时感到较为棘手。

1. 塔式起重机的选择

塔吊的土建施工组织设计应对塔吊选型、定位布置进行综合考虑，方可取得较完善的方案。

1）项目塔吊选型

施工现场塔吊组织设计的第一步就是选型。应根据工程的不同情况和施工要求，选择适合的塔吊种类。

（1）塔吊的主要参数应满足施工需要。

塔吊的主要参数有工作幅度、起升高度、起重量和起重力矩。工作幅度即塔吊作业半径，塔吊最远吊点至回转中心距离应满足施工平面需要。塔吊起升高度应不小于建筑物总高度加上构件、吊索和安全操作高度（一般为 2～3 m），同时应满足塔吊超越建筑物顶面的脚手架、井架或其他障碍物的最大超越高度（超越高度一般不小于 1 m）。起重量应包括吊物、吊具和索具等作用于塔吊起重吊钩上的全部重量。塔吊起重力矩一般控制在其额定起重力矩的75%之下，以保证作业安全并延长其使用寿命。

（2）综合考虑、择优选用。

当塔吊主要参数指标满足施工需求时，还应综合考虑、择优选用性能好、工效高和费用低的塔吊。以附墙自升式塔吊为例，该类塔吊为整体式、上回转、小车移动、手动操作，起重能力在45～150 t·m。该类塔吊的适应性强、装拆方便，且不影响内部施工，同时也存在塔身接高和附墙装置随高度增加，台班费用较高的情况。

2）塔吊平面定位布置

塔吊平面定位布置应尽量满足下列各项要求，当出现个别要求无法满足时，则需根据经验进行综合分析，确定最有利的方案。

（1）满足塔吊覆盖面和供应面的要求。

塔吊的覆盖面是指以塔吊的工作幅度为半径的圆形吊运覆盖面积；塔吊的供应面是指借助于水平运输手段（手推车）所能达到的供应范围。塔吊工作半径通常为45～50 m，水平运输距离一般不宜超过80 m。塔吊定位应能保证建筑工程的全部作业面处于塔吊的覆盖面和供应面的范围之内。简单的定位方法是画半径为50 m和80 m的两个同心圆，在同比例的施工图纸上进行定位调整，保证主体结构在50 m圆内，施工场地在80 m圆内。

（2）满足塔吊操作工程中,周边环境条件对其的要求。

塔吊作业半径内应尽量避开架空高压线和已有建筑物、构筑物,防止吊臂、吊绳、吊钩可能对其造成的碰撞;实在无法避开时,可考虑架空高压线埋地或搭设防护棚等处理方法。例如,某工地塔吊与小区架空高压线极近,因高压线由架空改为埋地的费用较高甲方不能接受,后改为在高压线外围搭设防护棚并对塔吊增加限位器装置的方法进行处理。另外,当工地内多台塔吊同时使用时,在满足作业面使用要求的前提下,塔吊之间的距离最好不小于其作业半径。

（3）满足塔吊基础设置的要求。

如果地表杂填土以下多为淤泥质土,承载力极低。由于地表土无法承受塔吊基础荷载,塔吊基础普遍采用桩基础配钢筋混凝土承台。带地下室的建筑物,塔吊基础可选择整个设置在基坑外或基坑内;一半在基坑内一半在基坑外的塔吊基础形式受力不合理,一般不考虑。设置在基坑外的塔吊基础,应尽量避开室外总体管线密集区域,为总体工程施工创造较好的条件。设置于基坑内的塔吊基础,应避免与地下室墙、柱、梁体系相碰,并设置于防水处理较方便的位置,按地下室后浇带施工方法进行基础拆除后的防水及结构补强处理。塔吊基础布置应选择并于修筑基础排水设施,有利于基础排水的平面位置。

塔吊基础桩常用的是混凝土灌注桩、预应力高强混凝土管桩、灌注桩加钢构架等形式。灌注桩施工技术成熟,成桩质量较可靠,基本可用于各种类型的塔吊基础,但成桩速度较慢,施工工序较多,成本较高。预应力高强混凝土管桩定位准确,施工速度快,竖向抗压承载力大,但其抗拉、抗剪性能差,可用于基坑外埋入式塔吊承台的基础,不建议采用预应力管桩作桩身外露的塔吊基础,如必须采用,需对每根桩的桩身进行完整性检测并采取必要的桩身加固措施。对穿过地下室结构的塔吊基础桩,可采用灌注桩加钢构架的形式,钢构架上使用止水构造措施,可保证地下室底板、顶板的防水效果,钢构架的拆除也较方便,该基础形式主要缺点为费用较高。

（4）满足塔吊附着的位置和尺寸要求。

自升塔吊的塔身接高到设计规定的独立高度后,需使用锚固装置将塔身与建筑物相连接（附着）。附着杆系的布置方式、相互间距和附着距离等,应按出厂说明书规定执行。经验数据为:塔身中点至两个附着支座连线的垂直距离为 6～8 m,附着杆与附着支座连线的夹角为 45°～60°。当附着的垂直距离超出范围时,需对附着杆通过切割、焊接、加固等手段进行改造和调整。应当注意的是,当垂直距离超过 10 m 后,小截面的附着杆将不能满足稳定性要求,大截面的附着杆又不够经济,故一般不予考虑。按照附着的上述要求,建筑物的附着点可选为框架柱、结构主梁及剪力墙等位置,并尽可能对称布置以利附着,保证结构的合理受力。

（5）满足结构施工设备及设施的空间位置要求。

某工程项目在塔吊定位设计中,由于忽略了外脚手架的位置,当主体结构施工时才发现塔吊与外脚手架平面位置交错在一起而无法单独拆除。在装修施工阶段,因脚手架搭拆费小于塔吊闲置台班费,施工单位为降低损失将塔吊及其所在一侧外墙脚手架拆除,待塔吊拆除完毕后再将脚手架重新搭设起来。这个例子说明了正确定位的重要性。建筑物外墙脚手架是在上部主体结构施工阶段开始搭设的,而此时塔吊一般早已投入使用。应在塔吊定位时注意塔身尤其是塔吊顶部爬升架平台不可与外墙脚手架相交错。特别应该注意的是：不少建筑物在局部存在外挑造型，塔吊定位应尽量避开该部位；若无法避开，除考虑外挑造型尺寸外，尚应注意外挑造型外侧脚手架所占用的位置。

平面定位还应考虑施工电梯位置的要求。施工电梯的地面层通道口是人员、物料集散的主要通道，必须要有足够宽大的场地。应保证施工电梯地面层运输通道口的场地不与塔吊基座发生矛盾。可考虑塔吊与施工电梯分立建筑物两侧，必须设于同一侧时应尽量错开设置。

（6）满足塔吊拆除的要求。

塔吊在安、拆过程中，塔吊前臂必须与爬升架标准节引进装置口的朝向一致。塔吊在进场安装之时，塔吊爬升架口的朝向必须明确。待施工完毕开始拆除塔吊时，若塔吊前臂方向存在新建建筑物的主体，将导致塔身无法拆除，所以塔吊布置应尽量使塔吊能拆至地面。若场地局限较大，塔吊前臂下存在建筑物裙楼，则当裙楼高度满足要求时可采用长吊臂的大型吊车拆塔吊，或在相应结构位置留设施工后浇带待塔吊拆除后再进行施工。

2. 施工用房屋的布置

1）一般要求

（1）结合施工现场具体情况，统筹安排，合理布置。

①布点要适应生产需要，方便职工上下班。

②不许占据正式工程位置，避开取土、弃土场地。

③尽量靠近已有交通线路，或即将修建的正式或临时交通线路。

（2）贯彻执行国务院有关在基本建设中节约用地的指示，布置要紧凑，充分利用山地、荒地、空地或劣地，尽量少占或不占农田并保护农田，在可能条件下结合施工采取造田、改造土壤的措施。

（3）尽量利用施工现场或附近已有的建筑物，包括拟拆除可暂时利用的建筑物。在新开辟地区，应尽可能提前修建能够利用的永久性工程。

（4）必须修建的临时建筑，应以经济适用为原则，合理地选择形式。

（5）符合安全防火要求。

2）办公用房屋

视工程项目规模大小、工程长短、施工现场条件、项目管理机构设置类型，办公用房可采取下列方式：

（1）利用拟拆除建筑。

（2）租用工程邻近建筑。

（3）新建暂用办公室，结构、装饰简易。

（4）采用装配式活动房屋。

（5）先建永久性办公室施工时用，待交工时重新装饰。

（6）初期搭建简易办公用房，然后搬进新建房屋。

3）生产用房屋

施工现场生产类用房主要有混凝土搅拌站、砂浆搅拌站、钢筋混凝土构件预制厂、钢筋加工厂、木材加工厂、金属结构加工厂、施工机械的管理维修厂等。

施工现场生产用房主要是根据工程所在地区的实际情况与工程施工的需要,首先确定需要设置的生产类型,然后再分别就不同需要逐一确定其生产规模、产品的品种、生产工艺、厂房的建筑面积、结构形式和厂址的布置,生产用房面积的大小,取决于设备的尺寸、工艺过程、建筑设计及保安与防火等的要求。

现场加工厂所需面积参考指标,见表4-6;现场作业棚所需面积参考指标,见表4-7;施工机械停放、检修场地所需面积参考指标,见表4-8。

表4-6　现场加工厂所需面积参考指标

序号	加工厂名称	年产量		单位产量所需建筑面积（m²）	占地总面积（m²）	备注
		单位	数量			
1	混凝土搅拌站	m³	3 200	0.022	按砂石堆场考虑	400 L 搅拌机 2 台
		m³	4 800	0.021		400 L 搅拌机 3 台
		m³	6 400	0.020		400 L 搅拌机 4 台
2	临时性混凝土预制厂	m³	1 000	0.25	2 000	生产屋面板和中小型梁柱板等,配有蒸养设施
		m³	2 000	0.20	3 000	
		m³	3 000	0.15	4 000	
		m³	5 000	0.125	<6 000	
3	半永久性混凝土预制厂	m³	3 000	0.6	9 000 ~ 12 000	
		m³	5 000	0.4	12 000 ~ 15 000	
		m³	10 000	0.3	15 000 ~ 20 000	
4	木材加工厂	m³	15 000	0.024 4	1 800 ~ 3 600	进行原木、方木加工
		m³	24 000	0.019 9	2 200 ~ 4 800	
		m³	30 000	0.018 1	3 000 ~ 5 500	
	综合木工加工厂	m³	200	0.30	100	加工门窗、模板、地板、屋架等
		m³	500	0.25	200	
		m³	1 000	0.20	300	
		m³	2 000	0.15	420	
	粗木加工厂	m³	5 000	0.12	1 350	加工屋架、模板
		m³	10 000	0.10	2 500	
		m³	15 000	0.09	3 750	
		m³	20 000	0.08	4 800	
	细木加工厂	万 m²	5	0.014 0	7 000	加工门窗、地板
		万 m²	10	0.011 4	10 000	
		万 m²	15	0.010 6	14 300	

续表 4-6

序号	加工厂名称	年产量		单位产量所需建筑面积（m²）	占地总面积（m²）	备注
		单位	数量			
	钢筋加工厂	t	200	0.35	280～560	加工、成型、焊接
		t	500	0.25	380～750	
		t	1 000	0.20	400～800	
		t	2 000	0.15	450～900	
5	现场钢筋调直或冷拉	拉直场：长70～80 m，宽3～4 m				包括材料及成品堆放
		卷扬机棚：15～20 m²				3～5 t电动卷扬机一台
		冷拉场：长40～60 m，宽3～4 m				包括材料及成品堆放
		时效场：长30～40 m，宽6～8 m				包括材料及成品堆放
	钢筋对焊	对焊场地：长30～40 m，宽4～5 m				包括材料及成品堆放
		对焊棚：15～24 m²				寒冷地区应适当增加
	钢筋冷加工	冷拔、冷轧机：40～50 m²/台				
		剪断机：30～50 m²/台				
		弯曲机φ12以下：50～60 m²/台				
		弯曲机φ40以下：60～70 m²/台				
6	金属结构加工（包括一般铁件）	年产500 t为10 m²/t				按一批加工数量计算
		年产1 000 t为8 m²/t				
		年产2 000 t为6 m²/t				
		年产3 000 t为5 m²/t				
7	石灰消化	贮灰池：5×3＝15（m²）				每两个贮灰池配一套淋灰池和淋灰槽，每600 kg石灰可消化1 m³石灰膏
		淋灰池：4×3＝12（m²）				
		淋灰槽：3×2＝6（m²）				
8	沥青锅场地	20～24 m²				台班产量1～1.5 t/台

注：资料来源为中国建筑科学研究院调查报告、原华东工业建筑设计院资料及其他调查资料。

表 4-7 现场作业棚所需面积参考指标

序号	名称	单位	面积(m²)	备注
1	木工作业棚	m²/人	2	占地为建筑面积的 2~3 倍
2	电锯房	m²	80 40	34~36 in 圆锯 1 台 小圆锯 1 台
3	钢筋作业棚	m²/人	3	占地为建筑面积的 3~4 倍
4	搅拌棚	m²/台	10~18	
5	卷扬机棚	m²/台	6~12	
6	烘炉房	m²	30~40	
7	焊工房	m²	20~40	
8	电工房	m²	15	
9	白铁工房	m²	20	
10	油漆工房	m²	20	
11	机、钳工修理房	m²	20	
12	立式锅炉房	m²/台	5~10	
13	发电机房	m²/kW	0.2~0.3	
14	水泵房	m²/台	3~8	
15	空压机房	m²/台	18~30 9~15	移动式 固定式

注:资料来源为原铁道部编临时工程手册、原华东工业建筑设计院资料及其他调查资料。

表 4-8 施工机械停放、检修场地所需面积参考指标

类别	施工机械名称	所需场地 (m²/台)	存放方式	检修间所需建筑面积	
				内容	数量(m²)
起重、土方机械类	塔式起重机	200~300	露天	10~20 台设 1 个检修台位(每增加 20 台增设 1 个检修台位)	200(增 150)
	履带式起重机	100~125	露天		
	履带式正铲或反铲、拖式铲运机、轮胎式起重机	75~100	露天		
	推土机、拖拉机、压路机	25~35	露天		
	汽车式起重机	20~30	露天或室内		
运输机械类	汽车(室内)	20~30	一般情况下室内不小于 10%	每 20 台设 1 个检修台位(每增加 20 台增设 1 个检修台位)	170(增 160)
	(室外)	40~60			
	平板拖车	100~150			
其他机械类	搅拌机、卷扬机、电焊机、电动机、水泵、空压机、油泵、少先吊等	4~6	一般情况下室内占 30%、露天占 70%	每 50 台设 1 个检修台位(每增加 20 台增设 1 个检修台位)	50(增 50)

注:1. 露天或室内存放视气候条件而定,寒冷地区应适当增加室内存放。

2. 所需场地包括道路、通道和回转场地。

4)仓储用房屋

(1)仓库的类型。

①转运仓库是设置在货物转载地点(如火车站、码头和专用卸货场)的仓库。

②中心仓库(或称总仓库)是专供贮存整个建筑工地(或区域型建筑企业)所需材料、贵重材料以及需要整理配套的材料的仓库。中心仓库通常设在现场附近或区域中心。

③现场仓库是为某一在建工程服务的仓库,一般均就近设置。

④加工厂仓库是专供本加工厂贮存原材料和加工半成品、构件的仓库。

各类仓库按其贮存材料的性质和贵重程度可采用露天(堆场)、半封闭式(棚)和封闭式(库房)3种存放方式。大宗建筑材料一般应直接运往使用地点堆放,以减少施工现场的二次搬运。

(2)仓库材料储备量。

确定仓库内的材料储备量,一方面要做到能保证施工的正常需要,另一方面又不宜贮存过多,以免加大仓库面积,积压资金。通常的储备量应根据现场条件、供应条件和运输条件来确定。如场地狭小的可少些;生产受季节性影响的材料,必须考虑中断因素,水运材料则须考虑枯水期及严寒影响航运问题,储备量可大些;加工生产周期较长的材料,亦应考虑大些等。另外还须考虑供料制度中有的材料要求一次储备的情况。

建筑群(全现场)的材料储备,一般按年、季组织储备,总储备量按下式计算:

$$q_1 = K_1 Q_1 \tag{4-8}$$

式中　q_1——总储备量;

　　　K_1——储备系数,一般情况下对型钢、木材、砂石和用量少、不经常使用的材料取 0.3 ~ 0.4,对水泥、砖、瓦、块石、石灰、管材、暖气片、玻璃、油漆、卷材、沥青 取 0.2 ~ 0.3,特殊条件下宜根据具体情况确定;

　　　Q_1——该项材料年、季最高需用量。

总储备量(q_1)包括能为本工程使用已经落实的材料,如已进入转运仓库和中心仓库的材料,以及有了货源又订了货的地方材料(砖、石、砂、灰)。

单位工程的材料储备量应保证工程连续施工的需要,同时应与全现场的材料储备综合考虑,做到减少仓库面积,节省资金。单位工程材料储备量按下式计算:

$$q_2 = nQ_2/T \tag{4-9}$$

式中　q_2——单位工程材料储备量;

　　　n——储备天数,见表4-9;

　　　Q_2——计划期间内需用的材料数量;

　　　T——需用该项材料的施工天数,并大于n。

(3)仓库面积的计算。

按材料储备期计算

$$F = q/P \tag{4-10}$$

式中　F——仓库面积,包括通道面积,m^2;

　　　P——每平方米仓库面积上存放材料数量,见表4-9;

　　　q——材料储备量,用于建筑群时为q_1,用于单位工程时为q_2。

按系数计算

$$F = \varphi m \tag{4-11}$$

式中 F——所需仓库面积, m^2 ;

   φ——系数, 见表 4-10;

   m——计算基数, 见表 4-10。

表 4-9 仓库面积计算所需数据参考指标

序号	材料名称	单位	储备天数 n（d）	每平方米储存量 P	堆置高度（m）	仓库类型
1	钢材	t	40～50	1.5	1.0	
	工槽钢	t	40～50	0.8～0.9	0.5	露天
	角钢	t	40～50	1.2～1.8	1.2	露天
	钢筋（直筋）	t	40～50	1.8～2.4	1.2	露天
	钢筋（盘筋）	t	40～50	0.8～1.2	1.0	棚或库约占20%
	钢板	t	40～50	2.4～2.7	1.0	露天
	钢管 ϕ200 以上	t	40～50	0.5～0.6	1.2	露天
	钢管 ϕ200 以下	t	40～50	0.7～1.0	2.0	露天
	钢轨	t	20～30	2.3	1.0	露天
	铁皮	t	40～50	2.4	1.0	库或棚
2	生铁	t	40～50	5	1.4	露天
3	铸铁管	t	20～30	0.6～0.8	1.2	露天
4	暖气片	t	40～50	0.5	1.5	露天或棚
5	水暖零件	t	20～30	0.7	1.4	库或棚
6	五金	t	20～30	1.0	2.2	库
7	钢丝绳	t	40～50	0.7	1.0	库
8	电线电缆	t	40～50	0.3	2.0	库或棚
9	木材	m^3	40～50	0.8	2.0	露天
	原木	m^3	40～50	0.9	2.0	露天
	成材	m^3	30～40	0.7	3.0	露天
	枕木	m^3	20～30	1.0	2.0	露天
	灰板条	千根	20～30	5.0	3.0	棚
10	水泥	t	30～40	1.4	1.5	库
11	生石灰（块）	t	20～30	1.0～1.5	1.5	棚
	生石灰（袋装）	t	10～20	1.0～1.3	1.5	棚
	石膏	t	10～20	1.2～1.7	2.0	棚
12	砂、石子（人工堆置）	m^3	10～30	1.2	1.5	露天
	砂、石子（机械堆置）	m^3	10～30	2.4	3.0	露天
13	块石	m^3	10～20	1.0	1.2	露天

续表 4-9

序号	材料名称	单位	储备天数 n (d)	每平方米储存量 P	堆置高度 (m)	仓库类型
14	红砖	千块	10~30	0.5	1.5	露天
15	耐火砖	t	20~30	2.5	1.8	棚
16	黏土瓦、水泥瓦	千块	10~30	0.25	1.5	露天
17	石棉瓦	张	10~30	25	1.0	露天
18	水泥管、陶土管	t	20~30	0.5	1.5	露天
19	玻璃	箱	20~30	6~10	0.8	棚或库
20	卷材	卷	20~30	15~24	2.0	库
21	沥青	t	20~30	0.8	1.2	露天
22	液体燃料润滑油	t	20~30	0.3	0.9	库
23	电石	t	20~30	0.3	1.2	库
24	炸药	t	10~30	0.7	1.0	库
25	雷管	t	10~30	0.7	1.0	库
26	煤	t	10~30	1.4	1.5	露天
27	炉渣	m³	10~30	1.2	1.5	露天
28	板	m³	3~7	0.14~0.24	2.0	露天
	梁、柱	m	3~7	0.12~0.18	1.2	露天
29	钢筋骨架	t	3~7	0.12~0.18	—	露天
30	金属结构	t	3~7	0.16~0.24	—	露天
31	钢件	t	10~20	0.9~1.5	1.5	露天或棚
32	钢门窗	t	10~20	0.65	2.0	棚
33	木门窗	m²	3~7	30	2.0	棚
34	木屋架	m³	3~7	0.3	—	露天
35	模板	m³	3~7	0.7	—	露天
36	大型砌块	m³	3~7	0.9	1.5	露天
37	轻质混凝土制品	m³	3~7	1.1	2.0	露天
38	水、电及卫生设备	t	20~30	0.35	1.0	棚、库各约占1/4
39	工艺设备	t	30~40	0.6~0.8	—	露天约占1/2
40	多种劳保用品	件		250	2.0	库

注:1. 当采用散装水泥时设水泥罐,其容积按水泥周转量计算,不再设集中水泥库。

2. 块石、砖、水泥管等以在建筑物附近堆放为原则,一般不设集中堆场。

表 4-10 按系数计算仓库面积参考资料

序号	名称	计算基数 m	单位	系数 φ
1	仓库(综合)	按年平均全员人数(工地)	m²/人	0.7 ~ 0.8
2	水泥库	按当年水泥用量的 40% ~ 50%	m²/t	0.7
3	其他仓库	按当年工作量	m²/万元	1.0 ~ 1.5
4	五金杂品库	按年建安工作量	m²/万元	0.1 ~ 0.2
		按年平均在建建筑面积	m²/百 m²	0.5 ~ 1.0
5	土建工具库	按高峰年(季)平均全员人数	m²/人	0.1 ~ 0.2
6	水暖器材库	按年平均在建建筑面积	m²/百 m²	0.2 ~ 0.4
7	电器器材库	按年平均在建建筑面积	m²/百 m²	0.3 ~ 0.5
8	化工油漆危险品仓库	按年建安工作量	m²/万元	0.05 ~ 0.1
9	三大工具(脚手板、跳板、模板)堆场	按年平均在建建筑面积	m²/百 m²	1.0 ~ 2.0
		按年建安工作量	m²/万元	0.3 ~ 0.5

5)生活用房屋

(1)计算内容。

在工程建设期间,必须为施工人员修建一定数量供生活用的建筑房屋。生活用房屋包括职工宿舍、招待所、浴室、理发室、食堂等。生活用房的种类、大小视工程所在位置、工期长短、规模大小等确定。生活用房的确定,一般有以下内容:

①计算施工期间使用生活用房的人数;

②确定生活用房项目及其建筑面积;

③选择生活用房的结构形式;

④布置生活用房位置。

(2)确定使用人数。

①生产人员。生产人员中有直接生产人员和其他生产人员。

②非生产人员。

6)所需面积

生活用房屋所需面积参考指标见表 4-11。

3. 施工供水数量确定

1)现场施工用水量

$$q_1 = K_1 \sum \frac{Q_1 N_1}{T_1 t} \frac{K_2}{8 \times 3\,600} \qquad (4\text{-}12)$$

式中 q_1——施工用水量,L/s;

K_1——未预计的施工用水系数,取 1.05 ~ 1.15;

Q_1——年(季)度工程量(以实物计量单位表示);

N_1——施工用水定额,见表 4-12;

T_1——年(季)度有效作业日,d;

t——每天工作班数,班;

K_2——用水不均衡系数,见表4-13。

表4-11 生活用房屋所需面积参考指标

临时房屋名称	指标使用方法	参考指标 (m²/人)	备注
一、办公室	按干部人数	3 ~ 4	1. 本表根据全国收集到的有代表性的企业、地区的资料综合;
二、宿舍 单层通铺 双层床 单层床	按高峰年(季)平均职工人数 (扣除不在工地住宿人数)	2.5 ~ 3.5 2.5 ~ 3.0 2.0 ~ 2.5 3.5 ~ 4.0	2. 工区以上设置的会议室已包括在办公室指标内;
三、食堂	按高峰年平均职工人数	0.5 ~ 0.8	3. 家属宿舍应以施工期长短和离工地远近情况而定,一般按高峰年职工平均人数的10% ~ 30%考虑;
四、食堂兼礼堂	按高峰年平均职工人数	0.6 ~ 0.9	
五、其他合计 医务室 浴室 理发室 浴室兼理发室 其他公用房屋	按高峰年平均职工人数 按高峰年平均职工人数 按高峰年平均职工人数 按高峰年平均职工人数 按高峰年平均职工人数 按高峰年平均职工人数	0.5 ~ 0.6 0.05 ~ 0.07 0.07 ~ 0.1 0.01 ~ 0.03 0.08 ~ 0.1 0.05 ~ 0.1	4. 食堂包括厨房、库房,应考虑在工地就餐人数和进餐次数
六、现场小型设施 开水房 厕所 工人休息室	 按高峰年平均职工人数 按高峰年平均职工人数	 10 ~ 40 0.02 ~ 0.07 0.15	

表4-12 施工用水参考定额

序号	用水对象	单位	耗水量	备注
1	浇筑混凝土全部用水	L/m³	1 700 ~ 2 400	
2	搅拌普通混凝土	L/m³	250	
3	搅拌轻质混凝土	L/m³	300 ~ 350	
4	搅拌泡沫混凝土	L/m³	300 ~ 400	
5	搅拌热混凝土	L/m³	300 ~ 350	
6	混凝土养护(自然养护)	L/m³	200 ~ 400	
7	混凝土养护(蒸汽养护)	L/m³	500 ~ 700	
8	冲洗模板	L/m²	5	
9	搅拌机清洗	L/台班	600	
10	人工冲洗石子	L/m³	1 000	当含泥量大于2%、小于3%时
11	机械冲洗石子	L/m³	600	
12	洗砂	L/m³	1 000	
13	砌砖工程全部用水	L/m³	150 ~ 250	

续表 4-12

序号	用水对象	单位	耗水量	备注
14	砌石工程全部用水	L/m³	50 ~ 80	
15	抹灰工程全部用水	L/m²	30	
16	耐火砖砌体工程	L/m³	100 ~ 150	包括砂浆搅拌
17	浇砖	L/千块	200 ~ 250	
18	浇硅酸盐砌块	L/m³	300 ~ 350	
19	抹面	L/m²	4 ~ 6	不包括调制用水
20	楼地面	L/m²	190	主要是找平层
21	搅拌砂浆	L/m³	300	
22	石灰消化	L/t	3 000	
23	上水管道工程	L/m	98	
24	下水管道工程	L/m	1 130	
25	工业管道工程	L/m	35	

表 4-13　施工用水不均衡系数

编号	用水名称	系数
K_2	现场施工用水	1.5
	附属生产企业用水	1.25
K_3	施工机械、运输机械用水	2.00
	动力设备用水	1.05 ~ 1.10
K_4	施工现场生活用水	1.30 ~ 1.50
K_5	生活区生活用水	2.00 ~ 2.50

2）施工机械用水量

$$q_2 = K_1 \sum Q_2 N_2 \frac{K_3}{8 \times 3\,600} \tag{4-13}$$

式中　q_2——机械用水量，L/s；

K_1——未预计施工用水系数，取 1.05 ~ 1.15；

Q_2——同一种机械台数，台；

N_2——施工机械台班用水定额，参考表 4-14 中的数据换算求得；

K_3——施工机械用水不均衡系数，见表 4-13。

表 4-14　机械用水参考定额

序号	用水机械名称	单位	耗水量（L）	备注
1	内燃挖土机	m³·台班	200 ~ 300	以斗容量计
2	内燃起重机	t·台班	15 ~ 18	以起重机吨数计
3	蒸汽起重机	t·台班	300 ~ 400	以起重机吨数计

续表 4-14

序号	用水机械名称	单位	耗水量(L)	备注
4	蒸汽打桩机	t·台班	1 000~1 200	以锤重吨数计
5	内燃压路机	t·台班	15~18	以压路机吨数计
6	蒸汽压路机	t·台班	100~150	以压路机吨数计
7	拖拉机	台·昼夜	200~300	
8	汽车	台·昼夜	400~700	
9	标准轨蒸汽机车	台·昼夜	10 000~20 000	
10	空压机	(m³/min)·台班	40~80	以空压机单位容量计
11	内燃机动力装置(直流水)	马力·台班	120~300	
12	内燃机动力装置(循环水)	马力·台班	25~40	
13	锅炉	t·h	1 050	以小时蒸发量计
14	点焊机25型	台·h	100	
	50型	台·h	150~200	
	75型	台·h	250~300	
15	对焊机	台·h	300	
16	冷拔机	台·h	300	
17	凿岩机型01-30型、01-38型	台·min	3~8	
	YQ-100型	台·min	8~12	
18	木工场	台班	20~25	
19	锻工房	炉·台班	40~50	以烘炉数计

注:1 马力 = 0.735 kW。

3)施工现场生活用水量

$$q_3 = \frac{P_1 N_3 K_4}{t \times 8 \times 3\,600} \tag{4-14}$$

式中　q_3——施工现场生活用水量,L/s;

　　　P_1——施工现场高峰昼夜人数,人;

　　　N_3——施工现场生活用水定额(一般为 20~60(L/人)·班,主要需视当地气候而定);

　　　K_4——施工现场用水不均衡系数,见表 4-13;

　　　t——每天工作班数,班。

4)生活区生活用水量

$$q_4 = \frac{P_2 N_4 K_5}{24 \times 3\,600} \tag{4-15}$$

式中　q_4——生活区生活用水,L/s;

P_2——生活区居民人数,人;

N_4——生活区昼夜全部生活用水定额,每一居民每昼夜为 100 ~ 120 L,随地区和
　　有无室内卫生设备而变化,各分项用水参考定额见表 4-15;

K_5——生活区用水不均衡系数,见表 4-13。

表 4-15　分项生活用水量参考定额

序号	用水对象	单位	耗水量
1	生活用水(盥洗、饮用)	(L/人)·日	20 ~ 40
2	食堂	(L/人)·次	10 ~ 20
3	浴室(淋浴)	(L/人)·次	40 ~ 60
4	淋浴带大池	(L/人)·次	50 ~ 60
5	洗衣房	L/kg 干衣	40 ~ 60
6	理发室	(L/人)·次	10 ~ 25
7	学校	(L/学生)·日	10 ~ 30
8	幼儿园、托儿所	(L/儿童)·日	75 ~ 100
9	医院	(L/病床)·日	100 ~ 150

5)消防用水量

消防用水量见表 4-16。

表 4-16　消防用水量

序号	用水名称	火灾同时发生次数	用水量(L/s)
1	居民区消防用水		
	5 000 人以内	一次	10
	10 000 人以内	二次	10 ~ 15
	25 000 人以内	二次	15 ~ 20
2	施工现场消防用水		
	施工现场在 25 hm² 内	一次	10 ~ 15
	每增加 25 hm²	一次	5

6)总用水量

总用水量(Q)的计算:当 $q_1 + q_2 + q_3 + q_4 \leqslant q_5$ 时,则 $Q = q_5 + (q_1 + q_2 + q_3 + q_4)/2$;当 $q_1 + q_2 + q_3 + q_4 > q_5$ 时,则 $Q = q_1 + q_2 + q_3 + q_4$;当工地面积小于 5 hm² 且 $q_1 + q_2 + q_3 + q_4 < q_5$ 时,则 $Q = q_5$,最后计算出的总用量,还应增加 10%,以补偿不可避免的水管漏水损失。

4. 施工供电数量确定

建筑工地临时供电,包括动力用电与照明用电两种,在计算用电量时,从下列各点考虑:

(1)全工地所使用的机械动力设备,其他电气工具及照明用电的数量。

（2）施工总进度计划中施工高峰阶段同时用电的机械设备最高数量。

（3）各种机械设备在工作中需用的情况。

总用电量可按下式计算：

$$P = (1.05 \sim 1.10)\left(K_1 \frac{\sum P_1}{\cos\varphi} + K_2 \sum P_2 + K_3 \sum P_3 + K_4 \sum P_4\right) \quad (4\text{-}16)$$

式中　P——供电设备总需要容量，kVA；

　　　P_1——电动机额定功率，kW；

　　　P_2——电焊机额定容量，kVA；

　　　P_3——室内照明容量，kW；

　　　P_4——室外照明容量，kW；

　　　$\cos\varphi$——电动机的平均功率因数（在施工现场最高为 0.75 ~ 0.78，一般为 0.65 ~ 0.75）；

　　　K_1、K_2、K_3、K_4——需要系数，参见表 4-17。

表 4-17　需要系数（K 值）

用电名称	数量	需要系数		备注
		K	数值	
电动机	3 ~ 10 台	K_1	0.7	如施工中需要电热，应将其用电量计算进去。为使计算结果接近实际，式(4-16)中各项动力和照明用电，应根据不同工作性质分类计算
	11 ~ 30 台		0.6	
	30 台以上		0.5	
加工厂动力设备			0.5	
电焊机	3 ~ 10 台	K_2	0.6	
	10 台以上		0.5	
室内照明		K_3	0.8	
室外照明		K_4	1.0	

单班施工时，用电量计算可不考虑照明用电。

各种机械设备以及室内外照明用电定额见表 4-18 ~ 表 4-20。

表 4-18　施工机械用电定额参考资料

机械名称	型号	功率（kW）	机械名称	型号	功率（kW）
蛙式夯土机	HW - 32	1.5	塔式起重机	德国 PEINE 厂产 SK280 - 055（307.314 t·m）	150
	HW - 60	3			
振动夯土机	HZD250	4			
振动打拔桩机	DZ45	45		德国 PEINE 厂产 SK560 - 05（675 t·m）	170
	DZ45Y	45			
	DZ30Y	30			
	DZ55Y	55		德国 PEINER - crane 厂产 TN112（155 t·m）	90
	DZ90A	90			
	DZ90B	90			

续表 4-18

机械名称	型号	功率（kW）	机械名称	型号	功率（kW）
螺旋钻孔机	ZKL400	40	卷扬机	JJK0.5	3
	ZKL600	55		JJK-0.5B	2.8
	ZKL800	90		JJK-1A	7
螺旋式钻扩孔机	BQZ-400	22		JJK-5	40
冲击式钻机	YKC-20C	20		JJZ-1	7.5
	YKC-22M	20		JJ1K-1	7
	YKC-30M	40		JJ1K-3	28
塔式起重机	红旗Ⅱ-16（整体托运）	19.5		JJ1K-5	40
	QT40（TQ2-6）	48		JJM-0.5	3
	TQ60/80	55.5		JJM-3	7.5
	TQ90（自升式）	58		JJM-5	11
	QT100（自升式）	63		JJM-10	22
	法国 POTAIN 厂产 H5-56B5P（225 t·m）	150	自落式混凝土搅拌机	JD150	5.5
				JD200	7.5
	法国 POTAIN 厂产 HS-56B（235 t·m）	137		JD250	11
				JD350	15
	法国 POTAIN 厂产 TOPKIT-FO/25（132 t·m）	160		JD500	18.5
	法国 B.P.R 厂产 GTA91-83（450 t·m）	160	强制式混凝土搅拌机	JW250	11
				JW500	30
混凝土搅拌楼（站）	HL80	41	钢筋弯曲机	GW40	3
混凝土输送泵	HB-15	32.2		WJ40	3
混凝土喷射机（回转式）	HPH6	7.5		GW32	2.2
混凝土喷射机（罐式）	HPG4	3	交流电焊机	BX3-120-1	9
插入式振动器	ZX25	0.8		BX3-300-2	23.4
	ZX35	0.8		BX3-500-2	38.6
	ZX50	1.1		BX2-100-（BC-1000）	76
	ZX50C	1.1	直流电焊机	AX1-165（AB-165）	6
	ZX70	1.5		AX4300-1（AG-300）	10
平板式振动器	ZB5	0.5		AX-320（AT-320）	14
	ZB11	1.1		AX5-500	26
附着式振动器	ZW4	0.8		AX3-500（AG-500）	26
	ZW5	1.1	纸筋麻刀搅拌机	ZMB-10	3
	ZW7	1.5	灰浆泵	UB3	4
	ZW10	1.1	挤压式灰浆泵	UBJ2	2.2
	ZW30-5	0.5	灰气联合泵	UB-76-1	5.5

续表 4-18

机械名称	型号	功率（kW）	机械名称	型号	功率（kW）
混凝土振动台	ZT－1×2	7.5	粉碎淋灰机	FL－16	4
	ZT－1.5×6	30	单盘水磨石机	SF－D	2.2
	ZT－2.4×6.2	55	双盘水磨石机	SF－S	4
真空吸水机	HZX－40	4	侧式磨光机	CM2－1	1
	HZX－60A	4	立面水磨石机	MQ－1	1.65
	改型泵Ⅰ号	5.5	墙围水磨石机	YM200－1	0.55
	改型泵Ⅱ号	5.5	地面磨光机	DM－60	0.4
预应力拉伸机油泵	ZB1/630	1.1	套丝切管机	TQ－3	1
	ZB2×2/500	3	电动液压弯管机	WYQ	1.1
	ZB4/49	3	电动弹涂机	DT120A	8
	ZB10/49	11	液压升降台	YSF25－50	3
钢筋调直切断机	GT4/14	4	泥浆泵	红星 30	30
	GT6/14	11		红星 75	60
	GT6/8	5.5	液压控制台	YKT－36	7.5
	GT3/9	7.5	自动控制自动调平液压控制台	YZKT－56	11
钢筋切断机	QJ40	7	静电触探车	ZJYY－20A	10
	QJ40－1	5.5	混凝土沥青地割机	BC－D1	5.5
	QJ32－1	3	单面木工压刨床	MB103A	4
小型砌块成型机	GC－1	6.7		MB106	7.5
载货电梯	JT1	7.5		MB104A	4
建筑施工外用电梯	SCD100/100A	11	双面木工刨床	MB106A	4
木工电刨	MIB2－80/1	0.7	木工平刨床	MB503A	3
木压刨板机	MB1043	3		MB504A	3
木工圆锯	MJ104	3	普通木工车床	MCD616B	3
	MJ106	5.5	单头直榫开榫机	MX2112	9.8
	MJ114	3	灰浆搅拌机	UJ325	3
脚踏截锯机	MJ217	7		UJ100	2.2
单面木工压刨床	MB103	3			

表 4-19 室内照明用电定额参考资料

序号	用电定额	容量（W/m²）	序号	用电定额	容量（W/m²）
1	混凝土及灰浆搅拌站	5	13	锅炉房	3
2	钢筋室外加工	10	14	仓库及棚仓库	2
3	钢筋室内加工	8	15	办公楼、实验室	6
4	木材加工（锯木及细木作）	5～7	16	浴室、盥洗室、厕所	3
5	木材加工（模板）	8	17	理发室	10

续表 4-19

序号	用电定额	容量（W/m²）	序号	用电定额	容量（W/m²）
6	混凝土预制构件厂	6	18	宿舍	3
7	金属结构及机电修配	12	19	食堂或俱乐部	5
8	空气压缩机及泵房	7	20	诊疗所	6
9	卫生技术管道加工厂	8	21	托儿所	9
10	设备安装加工厂	8	22	招待所	5
11	发电站及变电所	10	23	学校	6
12	汽车库或机车库	5	24	其他文化娱乐场所	3

表 4-20　室外照明用电参考资料

序号	用电定额	容量	序号	用电定额	容量
1	人工挖土工程	0.8 W/m²	7	卸车场	1.0 W/m²
2	机械挖土工程	1.0 W/m²	8	设备、砂石、木材、钢筋、半成品堆放	0.8 W/m²
3	混凝土浇灌工程	1.0 W/m²	9	车辆行人主要干道	2 000 W/km
4	砖石工程	1.2 W/m²	10	车辆行人非主要干道	1 000 W/km
5	打桩工程	0.6 W/m²	11	夜间运料（夜间不运料）	0.8（0.5）W/m²
6	安装及铆焊工程	2.0 W/m²	12	警卫照明	1 000 W/km

由于照明用电量所占的比重较动力用电量要少得多，所以在估算总用电量时可以简化，只要在动力用电量（式（4-16）括号中的第一、二两项）之外再加 10% 作为照明用电量即可。

4.2.8.4　建筑工程施工平面图的绘制

1. 分阶段进行绘制

以房屋建筑总承包工程为例，建议分以下阶段进行施工平面图绘制：

（1）基坑土方开挖及支护阶段——本阶段生产区应绘制基坑边线、基坑坡道、基坑内运输通道、基坑排水沟及沉砂池，出入口应设置洗车池等。

（2）桩基施工阶段。

（3）地下室施工阶段——本阶段生产区应绘制基坑边线，并绘制地下室结构外边线及后浇带，塔吊布置应满足上部结构施工。

（4）上部结构施工阶段——本阶段生产区地下室外边线可画成虚线，加工场布置与地下室施工阶段有所不同，部分加工场可移至地下室顶板上，增加施工电梯、砌体材料堆场、安装用场地布置等。

（5）装饰及安装工程施工阶段——本阶段生产区结构施工所需的钢筋加工场、模板加工场、脚手架材料堆场等应撤换掉，增加装修施工用场地、安装用场地布置等。

（6）室外工程施工阶段——本阶段加工场、材料堆场等基本撤换掉，现场办公区及临时生活区有影响的也应撤换掉，本阶段应将小区道路及室外的景观构筑物画上。

2. 图层、颜色、线型的设置

在处理后的建筑总平面图上主要增设以下图层：临时设施图层（含办公区、临时生活区、仓库等）、加工场及堆场图层、场内运输道路图层、主要施工机械图层。新设的不同图层应设置不同颜色（最好不采用黄色等比较浅的颜色），以利最后打印出图时调整打印效果。一般塔吊覆盖范围线采用虚线。

3. CAD 准确绘制

要按比例绘制，就是不管是什么图，绘制时都切记 AutoCAD 中的单位为 mm。比如说运输通道 4 m 宽，在 CAD 里量出来就是 4 000 mm；塔身尺寸为 2 m×2 m，在 CAD 里量出来每边就是 2 000 mm；塔吊覆盖半径 50 m，在 CAD 里量就是 50 000 mm。

4. 必要的图例、说明及标注

必要的标注有拟建建筑物楼栋号、楼层数、周边市政路路名、施工围墙、地下室外边线、各类临时设施名称及面积、各类加工场名称及面积等；必要的图例有塔吊、施工电梯、混凝土泵、搅拌机、蓄水池、水泥罐、发电机房等。对图上无法表达的可做文字说明，场地小办公区临时生活区另行布置的可做文字说明。

5. 打印、出图

这是施工平面图绘制的最后一步，也是比较重要的一步。打印前应进行打印样式设置，按颜色设置打印线宽、打印线颜色。黑白打印时可将比较重要的内容的打印色设置成黑色并将线宽设置为 0.3 mm，一般内容的打印色设置成蓝色并将线宽设置为 0.2 mm，次要内容的打印色设置成灰色并将线宽设置为 0.1 mm。施工现场平面布置图实例见图 4-5。

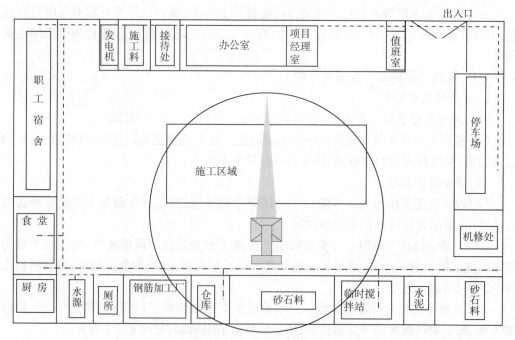

图 4-5　某中学施工平面图

任务 4.3 单位工程施工组织设计实例

4.3.1 编制说明

（1）本施工组织设计以工程的基础、框架主体、装饰工程为重点，对其施工技术、施工质量、施工进度及其施工工艺流程均作了严格的控制和要求，并制定了切实可行的质量、进度、安全等保证系统，对施工机械设备的选用、各工种劳动力的安排、现场项目经理部的组织及现场文明施工都作了详细的部署和安排。

（2）根据本工程结构、层数、基础形式、内外装饰基本一致，故在编撰施工方案时，采取合理的施工方法，安排合理的施工进度，成立一个项目经理部，对工程进行控制和管理，使各工种、各管理机构密切配合，尽量缩短工期，提高生产效率，保质量、保安全、保进度，全面完成建设任务。

（3）本施工组织设计，对此项目的工期安排是根据建设单位的要求及本地施工条件和×××公司的施工技术管理水平编制，工程施工尽量做到不扰民、全封闭，争创安全文明标准化现场。

4.3.2 工程概况

4.3.2.1 主体结构

某小区内 4# 住宅楼工程，框架结构 6 层，外墙为混凝土小型空心砌块，总建筑面积 3 960 m²，东西总长 55 m，南北总宽 12 m，其中住宅建筑面积为 3 210.6 m²，半地下室建筑面积 749.4 m²。工程的北外墙距已建住宅楼 12.5 m，南端距道路 23.6 m，楼西侧空地宽 25 m，东侧宽 58 m。建筑高度 19.6 m，层高 2.8 m，设有半地下室作为车库，层高 2.8 m。

4.3.2.2 装饰工程

楼地面为水泥拉毛地面，乳胶漆墙裙；内墙为混合灰面墙，立面采用高档涂料装饰；顶棚为刮腻子喷浆。钢外窗、预制磨窗台板，其余均为木门窗。屋顶做法为水泥焦渣找坡，200 mm 厚加气混凝土保温，防水做法二毡三油一砂。外墙以清水勾缝墙面为主，六层部分与山墙为黏刷石，水泥窗套用白色涂料。

4.3.2.3 基础工程

基础埋深 – 2.80 m（绝对标高 45.80 m）。据勘察报告，地下水位为 45.80 ~ 46.20 m，基底为轻压黏土和压黏土，局部可能有淤泥，地下水无侵蚀性。设计要求基底落在老土上，[f] = 130 kN/m²。基础垫层为 C15 混凝土，厚 300 mm，宽 1.5 ~ 2.2 m，按构造配筋。经与设计单位商洽，基础垫层以下加 300 mm 厚级配砂石，作为压淤、排水和分散压力措施。砖放大脚，基础墙 360 mm 宽，– 2.12 m 及 – 0.06 m 处各有 360 mm × 120 mm 钢筋混凝土圈梁，强度等级为 C20。构造柱筋锚于 – 2.12 m 圈梁内。

4.3.2.4 主体结构工程

结构按 7 度抗震设防。内外墙混合承重，外墙 500 mm，内墙 240 mm，C25 现浇钢筋混凝梁和板，楼梯是预制构件，每层设圈梁。砖等级不小于 MU7.5。砌筑砂浆等次：一、二层为 M7.5,三、四层为 M5,五、六层为 M2.5。内隔墙 120 mm 厚,M2.5 砂浆砌筑。砌筑砂浆均为水泥混合砂浆。

4.3.2.5 电气管线敷设

电气管线为铁管暗敷,供暖为两回路上给下回方式,采用四柱水暖炉片,窗下 120 mm 深暖气片槽。

4.3.2.6 主要工程量和主要施工班组

主要工程量统计见表 4-21,主要施工班组见表 4-22。

表 4-21 主要工程量统计

分部分项工程名称		工程量	
		单位	数量
基础工程	挖土	m³	1 694
	填土	m³	1 205
	室内暖沟	m	97.3
	级配砂石	m³	251
	C15 垫层混凝土	m³	232
	基础砌筑	m³	422
	基础部分混凝土	m³	68
上部结构工程	结构砌筑	m³	2 105
	现浇混凝土	m³	323
	SL5、SL1	根	34
	SL4、SL8	根	20
	预应力圆孔板	块	845
	混凝土过梁	根	962
门窗工程	钢窗	樘	232
	木窗	樘	82
	木门	樘	182
装饰工程	内墙抹灰	m²	5 180
	外墙抹灰	m²	1 242
	屋面防水	m²	920
	锦砖楼地面	m²	103
	水泥楼地面	m²	3 104
	磨石地面	m²	526
	瓷砖墙裙	m²	212

表 4-22 主要施工班组

工种	人数	工种	人数
油漆工	28	混凝土工	16
瓦工	23	抹灰工	42
木工	11	架子工	4~8
钢筋工	4	磨石工	4~14
白铁工	2		

4.3.3　施工准备

4.3.3.1　内业技术准备

内业技术准备的目的：熟悉图纸，编制施工方案和预算，做好必要的工料分析，为编制进度计划、劳动力和材料需要量计划提供依据。参加图纸会审和技术交底，将图纸中存在的有关问题解决在施工前，对设计提出的技术要求和有关专家的意见，予以理解和消化，为施工工作迅速顺利地展开，扫除技术障碍。

1. 熟悉与会审图纸

熟悉与会审图纸，应分以下部分：

（1）基础及地下室部分：核对建筑、结构、设备施工图中关于基础留口、留洞的位置及标高的相互关系是否处理恰当，排水及下水的方向，变形缝及人防出口的做法，防水体系的做法，特殊基础形式做法等。

（2）主体结构部分：弄清楚建筑物墙体轴线的布置，主体结构各层的砖、砂浆、混凝土构件的强度等级有无变化，阳台、雨棚、挑檐的细部做法，楼梯间、卫生间的构造，对标准图有无特别说明和规定等。

（3）装修部分：弄清不同材料的种类、做法及其标准说明，地面装修与工程结构施工的关系；变形缝的做法及防水处理的特殊要求；防火、保温、隔热、防尘、高级装修等的技术要求。

2. 审查设计技术资料

审查设计技术资料应做到以下几点：设计图纸是否符合国家有关的技术规范要求；校对图纸说明是否齐全，有无矛盾，规定是否明确，图纸有无遗漏，图纸之间有无矛盾，核对主要轴线、尺寸、位置、标高有无错误和遗漏；总图的建筑物坐标位置与单位工程建筑平面是否一致，基础设计与实际地质是否相符，建筑物与地下构筑物及管线之间有无矛盾；设计图本身的建筑构造与结构构造之间、结构与各构件之间以及各种构件、配件之间的联系是否清楚。建筑安装与建筑施工的配合上存在哪些技术问题，能否合理解决；设计中所采用的各种材料、配件、构件等能否满足设计要求；对设计技术资料有什么合理化建议及其他问题。

3. 学习、熟悉技术规范、规程和有关技术规定

常见的技术规范、规程：建筑施工及验收规范，建筑安装工程质量检验评定标准，施工操作规范，设备维护及检修规程，安全技术规程，上级部门所颁发的其他技术规范与规定。

4. 编制施工组织设计

其编制内容包括：工程概况及施工特点分析，施工方案的选择，施工准备工作的计划，施工进度计划，各种资料需求量计划，施工平面布置图，保证措施，技术经济指标。

5. 编制施工图预算和施工预算

施工图预算是由甲、乙双方确定预算造价、发生经济联系的经济文件；而施工预算则是施工企业内部经济核算的依据，直接受施工图预算的控制。

4.3.3.2　施工现场的准备

施工现场的准备包括协助建设单位及有关部门查勘现场，实施工程的定位放线，同时

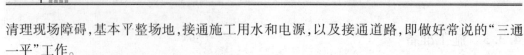

清理现场障碍,基本平整场地,接通施工用水和电源,以及接通道路,即做好常说的"三通一平"工作。

1. 场地清理

施工场地内的一切障碍物,无论是地上的还是地下的,都应在开工前清除。这些工作一般是由建设单位来完成,但也有委托施工单位来完成的。如果由施工单位来完成这项工作,一定要事先摸清现场情况,尤其是城市的老区内,由于原有建筑物和构筑物情况复杂,而且往往资料不全,在清除前需要采取相应的措施,防止事故发生。

2."三通一平"

现场需要做到水通、电通、路通和场地平整。总之,应按施工组织设计要求,事先完成。施工用水:现场机械用水量极小,故不考虑,仅考虑工程用水和施工现场生活用水,按现场面积在 25 hm^2 以内的消防用水量 $10 \sim 15 \text{ L/s}$ 考虑,取 $Q = 10 \text{ L/s}$,选用 $\phi100$ 焊接钢管按平面图埋地铺设环形管网,建筑物设地下消火栓四处。通信:为了做好全方位的指挥、协调、调度和控制等工作,施工现场办公室拟装电话机一部、对讲机若干,用于对外通信联系。工地内部通信用 5 只对讲机,吊车司机和吊装指挥各 1 只,两名施工员各 1 只,工地办公室 1 只。场地平整:基本平整场地,并采取自然放坡,便于雨水有组织排放。修整场地内循环道路,方便各种材料运进现场和作业人员进场。

3. 测量放线

测量放线的任务是把图纸上所设计好的建筑物、构筑物及管线等测到地面上或实物上,并用各种标志表现出来,以作为施工的依据。同时,应做好工作准备,对测量仪器进行检验和校正;了解设计意图;熟悉并校核施工图纸;校核红线桩与水准点;制订测量放线方案。

4. 组织施工队伍

建立施工管理机构,制订施工管理措施和目标责任制,与劳务作业层签订劳务承包合同,完善劳动安全、保护和保险事宜。对全体施工人员进行质量、进度、技术、安全治安交底。

5. 搭设临时设施

现场生活和生产用的临时设施,在布置安排时,要遵照当地有关规划布置。如房屋的间距、标准是否符合卫生和防火要求,污水和垃圾的排放是否符合环境的要求等;为了施工方便和安全,对于指定的施工用地的周界,应用围栏围挡起来,围挡的形式和材料及高度应符合市容管理的有关规定和要求,在主要入口处设明标牌,标明工程名称、施工单位、工地负责人等;各种生产、生活用的临时设施,包括各种仓库、混凝土搅拌站、预制构件场、机修站、各种生产作业棚、办公用房、宿舍、食堂、文化生活设施等,均按批准的施工组织设计规定的数量、标准、面积、位置等组织修建。大、中型工程可分批分期修建。此外,在考虑施工现场临时设施的搭设时,应尽量利用原有建筑物,尽可能减少临时设施的数量,以便节约用地、节省投资。

4.3.3.3 编制材料计划

根据工程施工顺序的先后,提前 3 d 向公司材料科提供材料采购计划,在完成试验、检验工作后陆续组织进场,以确保施工的顺利进行。

（1）建筑材料的准备主要是根据工料分析,按照施工进度计划的使用要求以及材料储备定额和消耗定额,分别按材料名称、规格、使用时间进行汇总,编出建筑材料需要量计划,建筑材料的准备包括:三材(钢材、木材、水泥)、地方材料、装饰材料的准备。准备工作应根据材料的需要量计划,组织货源,确定加工、供应地点和供应方式,签订物资供应合同。同时,注重材料的储备,应按工程进度分期分批进行,做好现场保管工作,现场堆放合理,并做好技术试验和检验工作,一律不得使用不合格建筑材料和构件。

（2）预制构件的准备:工程项目施工中需要大量的预制构件,如门窗、金属构件和水泥制品及卫生洁具等,这些构配件必须事先提出订制加工单。

（3）施工机具的准备:施工选定的各种土方机械,如混凝土、砂浆搅拌机,垂直及水平运输机械,吊装机械,动力机具,钢筋加工设备,木工机械,焊接设备,打夯机,抽水设备等应根据施工方案和施工进度,确定数量和进场时间。需租赁机械时,应提前签约。

（4）模板和脚手架的准备:它是施工现场使用量大、堆放占地大的周转材料。

4.3.4　施工方案

4.3.4.1　施工总程序

本工程总的施工程序为先地下后地上,先土建后设备安装,先结构后装饰。主体结构自下而上逐层分段流水施工。待主体结构完成后,自上而下逐层进行内装修,待女儿墙压顶完成后,自上而下进行外装饰。

4.3.4.2　施工段的划分

根据工程的特点,为了有利于结构的整体性,要尽量利用建筑缝作为划分主体结构流水施工段的界限。

屋面工程一次性完成。

室内外装修工程水平不分施工段,室内装修自上而下分层进行,室外装饰自上而下分立面进行。

4.3.5　主要项目施工方法及施工顺序

4.3.5.1　土方和基础工程

土方和基础工程施工顺序:机械挖土→清底钎探→验槽处理→混凝土垫层→砌砖基础→地圈梁→暖气沟→回填土。

根据地质勘查报告,持力层为黏性土层,承载力特征值$f_a = 210$ kPa。本工程地下水位为 -3.5 m,基底为黏性土,局部可能有淤泥,地下水有侵蚀性,故采用 WY – 80 型反铲挖土机配自卸汽车进行基坑开挖。基坑底面按设计尺寸周边各留出 0.5 m 宽的工作面,边坡放坡系数为 1:0.33。坑槽底留 200 ~ 300 mm 人工清底,以防机械超挖。基坑槽总的开挖土方量为 1 694 m³。除回填土所需的 1 205 m³ 暂堆放在基坑槽边外,其余土方 489 m³ 运至场外。

（1）为了防止雨水流入坑内,基坑上口筑小护堤。基坑和基槽两端各挖一个集水坑,并准备好抽水泵。

（2）基坑清底后,随即进行钎探,并通知有关部门进行验槽。

（3）基础墙内构造柱生根在地圈梁上。

（4）纵横墙基同时砌砖，接槎处斜槎到顶，基础大放脚两侧要均匀收退，待砌到墙身时挂中线检查，以防偏轴。

（5）基槽回填要两侧均匀下土，采用人工和蛙式打夯机分步夯实。槽两侧要同时均匀回填，每步虚铺 250 mm 后夯实，每夯实层要环刀取样，送实验室测试干容重。房心回填时，遇暖气沟要加支撑，以防挤偏基础墙身，暖气沟外侧回填土要夯填密实。

4.3.5.2 主体结构工程

结构工程中每层每段的主要施工顺序：放线立皮数杆→绑构造柱钢筋→两步架砌砖和安装过梁→支构造柱模板、浇混凝土→绑圈梁钢筋，支圈梁、大梁、现浇板、楼梯模板→浇筑混凝土→安装预制楼板→浇筑板缝混凝土。

（1）结构工程分层分段组织流水施工。其中砌砖为主导工序。砌筑工程以砖工为主，木工、架工、少量混凝土工按需要配备。每层砌砖为两步架，两个施工层，每层每段平均砌砖量为 205 m³，配备瓦工 18 人（另加普工 20 人），每工产量按 2 m³ 计，则每层每段砌筑 6 d，其他各工种均按相应的工程量配足劳动力，在 6 d 内完成梁、板、圈梁、构造柱以及预制楼板安装等项目，保证瓦工连续施工。在砌砖的过程中，混凝土构件及门窗框安装应穿插进行，砌砖脚手架随砌砖进度搭设。

（2）结构砌砖采用一顺一丁法。在首层要做好排砖摞底，外墙大角要同时砌筑，内外墙接槎每步架留斜槎到顶。砌筑时控制灰缝厚度，不得超越皮数杆灰缝高度。240 墙单面挂线，370 墙双面挂线。

（3）用手推砖车（通过井架）和 0.7 m³ 的砖笼（通过塔吊）直接把砖吊运到作业点，砌筑砂浆用手推灰车通过井架运送。

（4）楼南侧立 QT-6 塔吊，塔轨中心距外墙 6 m，最大回转半径 20 m，起重量为 2 t，起重高度在 26.5 ~ 40.5 m。主体结构工程的垂直和水平运输主要由塔吊完成，并配两台井架作为辅助垂直运输工具，以配合塔吊的运输。拟建建筑物东侧外纵墙至塔轨中心的距离为：6 + 10.5 = 16.5（m），在塔吊的吊装范围之内。塔吊轨道北头至建筑物最北侧外墙距离为：6 + 12 = 18（m），即也在吊装范围之内。但建筑物的东北角和西北角都在塔吊的吊装范围以外，将以井架弥补。经验算，需要塔吊吊运的各种构件的重量均小于 2 t。实际需要的吊装高度等于塔轨顶面（0.000）至屋顶的距离与索具所需高度之和，即 19 + 2.5 = 21.5（m）< 26.5 m，满足需要。主体结构完成后，即拆除塔吊。

（5）砌体质量要求：墙体砌筑时，内外墙尽量同时砌筑。当砖墙不能同时砌筑时，要留斜槎。砌筑时，必须保证构造柱不移位、墙体稳定，砖的抗压强度和砌筑砂浆标号符合设计，横平竖直、灰浆饱满、灰缝通顺、大小一致，尺寸偏差不超标。

砌筑注意事项：

（1）工程用的砖按计划及时进场，并按设计要求，对砖的标号、容重、外观、几何尺寸进行验收，不得用次品砖。

（2）根据设计要求的种类和强度，由材料实验室根据所用的材料决定配合比并挂牌施工。

（3）砖在砌筑之前，必须浇水润湿，含水率宜为 10% ~ 15%。

（4）砂浆拌制时，应拌和均匀，稀稠适中。砂浆的流动性为 70～100 mm，随拌随用。拌好后至使用完毕时间不得超过 3 h，气温在 30 ℃以上不超过 2 h。

（5）在砌筑前要抄平放线，分门窗洞口位置及标高，将门窗洞口位置和砌砖的块数标记在柱上，以保证砌体尺寸准确。

（6）为增加墙体的稳定性，砖的转角处和交接处最好同时砌筑，对不同时砌砖留置的临时间断处，应留梯或槎，其余槎长度不小于高度的 2/3。

（7）墙砌体要错缝砌筑，砌体要求横平竖直，灰浆饱满度不小于 80%，同时要求灰缝大小均匀、深浅一致、顺直，严禁用水冲浆灌缝。

（8）预应力空心板安装之前板的强度必须达到 100%，并必须经质监部门试压检测合格后方可安装，支座部位清扫干净、湿润，并用 1∶3 水泥砂浆找平。有过梁处，过梁应与墙面平齐。若墙面水平误差在 30 mm 以上，应用 C15 细石混凝土找平，待找平层凝固后再坐浆安置。空心板在安装之前应检查外观质量和结构性能，检验板端孔应堵头，检验之后可安装。要求垛浆安装，安装时应注意调整缝隙、安平、安稳。凡板断、板裂者一律禁用。

（9）构造柱每层分三次浇灌、振捣。构造柱、圈梁和板缝现浇混凝土采用 C20 砾石混凝土。

4.3.5.3 脚手架工程

1. 外脚手架搭设的要求

为确保施工安全，该工程砌筑装修应用扣件式钢管双层脚手架，脚手架从底层搭设到顶层，立杆间距横向 1.5 m、纵向 2 m，内立杆距立墙 0.5 m，操作层横杆间距 1 m，横杆步距 1.4 m，为防止架子外倾，每隔 3 步 5 跨设置一根连墙杆，脚手架搭设范围内的地基要求夯实找平，挖设排水沟，如地基土质不好，则铺木方垫底，确保稳定、坚固、安全，脚手架在两层以上开始安铺安全网。

2. 内脚手架搭设的要求

要求在砌筑墙体搭设内脚手架，立杆间距不大于 1.5 m，立杆下垫长 1 m、厚 10 cm 的木块，顺房间长方向设两排立杆。放砖跳板每平方米荷载不大于 270 kg，放于墙边或一端落于墙体上。跳架搭好后必须经施工员检查合格后方可上架作业。

4.3.5.4 屋面工程

（1）屋顶结构安装和女儿墙砌筑完成后，在屋面板上铺 2% 坡度的细石混凝土找坡层，上抹水泥砂浆找坡层。待找坡层含水率降至 15% 以下，方可做二毡三油防水层。

（2）油毡采用浇油铺贴，雨水口等部位要先贴附加层，每次所浇沥青厚度宜在 1～1.5 mm。油毡铺贴时，要压实滚平。

（3）屋面保护层所用的绿豆砂粒径宜在 3～5 mm，并清洗、干燥。铺石子前，在油毡表面涂刷 2～3 mm 厚玛琋脂，小豆石预热到 100 ℃左右，趁热铺撒，以利黏结牢实。

（4）上人屋面所铺设的预制混凝土板，用沥青玛琋脂直接在油毡防水层上黏结，并用沥青灌缝，施工时应挂线。

4.3.5.5 楼地面和装饰工程

（1）装修阶段主要用 3 座扣管式井架作为垂直运输工具，每座井架配一台 2 t 卷扬机。水平运输用手推双轮车。

（2）水磨石楼地面均随着主体结构的施工（与主体施工隔一层），自下而上的进行。

（3）其他楼地面和室内装修的施工顺序：立门窗口→墙面冲筋抹灰→清理地面→楼（地）面→楼（地）面养护→水泥墙裙、踢脚→安装门窗扇→安装玻璃→油漆、粉刷→灯具安装。

（4）粘贴玻璃马赛克的结合层采用水泥砂浆加107胶。贴上玻璃马赛克后，用刷子在马赛克背面的纸上刷水，20~30 min后揭下纸，检查马赛克灰缝，然后用水泥擦缝。

（5）门窗框一律采用后塞口，门窗框与墙面交接处用水泥砂浆堵严缝隙。墙面阳角均做水泥砂浆护角，窗台、雨棚均做滴水槽。

（6）楼面基层清理、湿润以后，先刷一遍素水泥浆作为结合层，然后抹水泥砂浆面层。面层抹平压光以后，铺湿锯末养护5~7 d。

（7）外墙装饰利用12 m桥式脚手架，按自上而下的顺序进行。拆除外脚手架后，进行勒脚和散水的施工。

4.3.5.6 水暖、电气安装

屋面板安装完毕以后，即安装下水漏斗及水落管；在室内抹灰之前或在砌墙和安装板时，埋好管道套管，并安装好上水和暖气的管卡，剔、留电气线槽，安装好电线和座盒，避免二次剔洞返工。

4.3.6 施工部署

4.3.6.1 施工组织管理措施

本工程实行项目目标管理，实行以项目经理为主的项目承包责任制，确保项目目标的实现。

现场设立项目经理部，下设8个职能组，劳务作业指定多个专业队伍进行承包，在业务上对项目经理负责，同时服从各职能组的监督指导和管理。

4.3.6.2 施工计划安排

本工程拟定工期385 d，其中工程的基础工程65 d，房屋主体结构工程95 d，屋面工程5 d，内外装饰工程75 d，还包括清理现场、建设附属设施、准备退场时间。

4.3.6.3 主要施工力量的配置

施工中需要管理、技术、生产、经营、质量、安全各系统充分有效地运作，同时做好全方位的组织、指挥、协调、控制等工作方能保证工程保质、按期完成，同时抽调公司各职能科室较为精干的管理人员进入本项目管理层各相应职能组。

本工程全部劳务（作业班组），由项目经理围绕质量、工期、单价等指标与作业班组劳动承包人签订承（发）包合同，劳务承包人在对各分项工程的质量和进度对项目经理负责的前提下具有充分的自主权，可以自行决定劳动力的结构、规模、招用、辞退、劳动定额水平等，使之能够实施劳动力的优化配置与动态管理，确保工程任务保质、按期完成。

4.3.6.4 网络计划与进度计划的编制

流水施工的表达方式主要为网络图、横道图两种。本工程网络计划、进度计划，根据工程特点、结构形式，以基础→主体→屋面→外饰、内粉→水电安装→清扫为关键线路，其余工序穿插进行，并按各工序时间差，穿插在上道工序之中。划分流水段后，根据各工序

的流水步距、流水节拍在进度计划表上组织流水施工,若干组分部工程的进度指示线段由此构成进度计划和网络计划。

4.3.7　先进的施工工艺、新材料的采用

砌墙用的黏土砖在砌筑过程中,严格采用"三一"砌法,即"一块砖、一铲灰、一挤揉",这样砖砌体的施工能保证既快又好。

4.3.8　限期赶工措施

本工程为全框架结构,工期紧,为了保证施工工作按时完成,必须要有系列措施。

(1)编制三级施工计划,即控制计划、层间计划和作业计划。每级计划均受制于上一级计划,其中下一级计划为上一级计划给定工期的90%,余下的10%作为机动时间,以抵消不可预见因素对工程进度的影响,每一级计划中均明确关键路线,并在实施中进行密切跟踪和监控。

施工进度计划实行动态管理,每一步(或项)工作完成后,立即根据其完成时间调整下步(或项)工作的进度计划,本次提前的,下步计划工期不变,将作业时间往前平推;本次计划延后的,必须将后面一步(或项)或几步(或项)工作的作业时间进行压缩,总压缩时间等于延误时间。

(2)施工进度计划一经编制,则按工程量和实际劳动定额计算劳动量,并据此配备劳动力,加强机具设备的维修保养,保证正常运行。机具设备效率必须足够,否则应多班运行,增加台班使用数量。

(3)本工程进度管理工作由项目经理负责,每周组织施工、技术、材料组召开一次例会,以书面形式下达进度计划、材料设备需用计划、劳动力需要计划、技术资料需要计划,由各职能组协调工作,项目经理部督促实施。

(4)进度工作必须随时听取建设单位和上级领导的意见和要求,认真贯彻落实。

(5)冬、雨季到来前,必须事先编制好冬、雨季施工措施,并认真实施以消除环境因素对工程进度的影响。

(6)上部结构施工时,混凝土中掺加重庆长江混凝土外加剂有限公司生产的M25早强型减水剂,以缩短混凝土养护时间。

(7)本工程配备专门材料人员,负责工程各种材料供应,考虑到本工程地处市郊,特从公司材料科抽调1~2人协助工地搞好材料的供给。

(8)本工程工期要求紧,为确保工程按期、按质地交付甲方,公司需专人常驻现场对该工程进行全面控制、指挥和协调,杜绝一切人为因素对该工程进度产生负面影响。

4.3.9　创优质量保证体系

本工程质量按优良标准实行目标管理,为确保这一目标的实现,必须建立完善的工程质量保证体系。

(1)项目管理层中专设质量管理组,该组除承担日常监督检查工作外,还负责制订质量管理措施,从质量角度审核施工工艺和方案,定期做分工种质量小节和下期质量注意事

项总结,每口提交一份当日质量报告和下月质量计划,并作为全员计发工资的依据。

(2)制定各级质量管理活动,且与各职能人员的工资、奖金挂钩,当月考核兑现。

(3)开展全面质量管理活动,成立 QC 小组,围绕本工程质量薄弱环节制定对策,开展活动,并对取得的成果进行总结评比,努力消除质量通病。

(4)设专职质检组,对各分部分项工程进行跟踪检查,做到上道工序不合格,下道工序不接手。严格控制工序质量,把质量隐患消除在施工过程中。

(5)采取奖优良、罚合格,不合格坚决返工的手段,强化质量管理,鼓励职工创优良产品。

(6)配齐各类计量器具,设专职人员负责测量放线、标高的控制和引测,对砂浆和混凝土指定专人负责计量。

(7)材料组人员必须保证原材料、半成品的质量,同时保证机具设备的性能稳定,材料进场前负责取样复试,严禁不合格材料进入施工现场。

(8)详细掌握当地气象资料,落实冬、雨季施工措施,确保工程顺利进行,减少质量事故。

(9)装饰工程施工前,墙面和楼地面,先做样板墙或样板间,经建设和设计单位检查认可后,方能大面积施工,并以经认可的样板作为标准进行质量检查评定。

(10)工程接近尾声时,指定专人负责成品保护工作,并负责处理好土建与安装的协调配合关系,保证各分项、各部位一次成型,一次交付,避免修修补补降低工程质量。

4.3.10 安全保证措施

根据本工程特点,在施工中除执行国家安全操作规程、法规、规范外,还应采取以下措施。

4.3.10.1 安全管理措施

(1)建立安全生产保障体系,落实各级各类人员的安全生产责任制,坚持贯彻安全第一、预防为主的方针。

(2)工程开工及分部分项工程开工前,由工程施工负责人对全体参加施工作业人员进行详细的安全技术交底,使全体职员充分掌握安全生产的知识和安全生产的技能。

(3)凡新工人、临时工、换岗工人进入岗位作业前,必须由公司、施工现场及所有班组进行"三级"安全教育,合格后方能上岗操作。

(4)现场施工员、质安员每天督促各工种作业人员对自己的作业环境进行认真检查,发现问题,立即报告,待隐患彻底消除后方能上岗作业。

(5)制定严格的施工现场安全纪律条款,对违章指挥、冒险作业者采取强硬手段,进行必要的处罚。

4.3.10.2 安全技术措施

(1)施工现场所有设备、设施、安全装置、工作配件以及个人劳动防护用品,必须经常检查确保完好和使用安全。操作人员除必须戴好安全帽外,还必须系好安全带。

(2)人工挖基坑时,在基坑四周设置护栏,非工作人员不得进入围栏内,挖出的土石方装入篮内,及时运离坑口,不得堆放在坑口四周。

(3)在主体施工时,从施工高度 4 m 起开始设置水平、竖向安全网,水平网满铺竹席,且应经常清除网内渣子。每隔四层设置一道水平固定安全网,网上加盖竹席。增设一道随施工高度提升的(水平、竖向)安全网,水平网上满铺竹跳板,竖向用竹凉板做全封闭。

(4)对所有的井道口、楼梯口、楼层周边等应用钢管搭设双层围护栏杆。建筑物的预留洞口,进行加盖防护。

(5)脚手架必须按照安全操作规程搭设,外脚手架立杆必须稳放在条石上,条石应嵌入土体 200 mm,周边浇 60 mm 厚混凝土,做好排水坡。当大风、大雨、节假日后,应对脚手架进行全面检查,以防变形、移位、失稳。

(6)塔吊必须编制搭拆方案,除做好防雷装置外,应做好保护按铃,安装完后,要经公司安全科、生产技术科验收试吊,并履行手续后方能使用。

(7)机械设备应配漏电保护器,操作者应戴好防护具,由机管员对操作者讲解设备的机械性能、操作程序,机械设备应经常检查、维修。塔吊的载重量必须在允许重量内。施工用电线路应经常检查,确保施工用电的安全。

(8)施工用电必须严格遵守《施工现场临时用电安全技术规范》。

(9)本工程在施工中要做到安全生产、文明施工,争创"文明施工、安全生产标准化施工现场"。

4.3.11　冬雨季施工措施

4.3.11.1　冬雨季施工方案

本工程在施工过程中可能会经历冬季,因此在冬季施工须制订切实可行的施工方案。

1. 冬季施工保证工程质量的技术措施

(1)现场施工、技术人员应熟悉图纸,对不宜冬季施工的分项工程,提早与设计单位和建设单位协商,提出合理的修改方案。

(2)在制订冬季施工方案的过程中,会同设计单位对施工图进行有关冬季施工方案的专门审查,根据已定的施工方法,由设计单位对原图进行必要的验算、修改或补充说明。

(3)已经编制好的冬季施工方案,经本单位主管工程师或主管领导批准后报上级技术部门审批、备案。

(4)入冬前应按经审批的冬季施工方案或冬季技术措施进行交底,并做好检验工作,要有专人分工负责,确保每个工序都能按规程执行。

(5)对已经批准的施工方案要认真贯彻执行,如需变更冬季施工方案要经原审批单位同意,并报冬季施工补充方案。

(6)施工人员要认真学习和熟悉冬季施工规定及施工验收中有关冬季施工的规定。

(7)施工单位要组织季度、月度和不定期的冬季施工检查,发现问题应及时解决,对于好的冬季施工经验要及时推广。

4.3.11.2　冬季施工保证安全的技术措施

(1)必须对全体职工定期进行技术安全教育,结合工程任务在冬季施工前做好安全技术交底,配备好安全防护用品。

(2)对新工人必须进行安全教育和操作规程的培训,对变换工种及临时参加生产劳动的人员,也要进行安全教育和安全交底。

(3)特殊工种(包括电气、架子、起重、焊接、车辆、机械等工种)须经有关部门专业培训,考核发证后方可操作。

(4)采用新设备、新机具、新工艺应对操作人员进行机械性能、操作方法等安全技术交底。

(5)现场安全管理。

①所有分项工程都必须编制安全技术措施,并详细交底,否则不许施工。

②现场内的各种材料、模板、混凝土构件、乙炔瓶、氧气瓶等存放地都要符合安全要求,并加强管理。

③加强季节性劳动保护工作,冬季要做好防滑、防冻、防煤气中毒工作,脚手架、上人通道,要采取防滑措施。霜雪天后要及时清扫,大风雨后要及时检查脚手架,防止高空坠落事故的发生。

(6)冬季电气安全管理。

①施工现场禁止使用裸线,电线铺设要防砸、防碾压,防止电线冻结在冰雪之中,大风雨后,对供电线路进行检查,防止断线造成触电事故。

②由电工负责安装、维护和管理用电设备,严禁非电工人员随意拆改。

(7)解除冬季施工后的安全管理。

随着气温的回升,连续7昼夜不出现负温度方可解除冬季施工,但要注意以下几点:

①冬季施工搭设的高度超过三层以上的架子、塔式起重机路基和电线杆等,应进行一次普查,防止地基冻融造成倾斜倒塌。

②用冻融法砌筑的砌体,在化冻时应按砌体工程施工验收规范的规定采取必要的措施。

③材料堆放场、模板堆放场应进行检查和整理,防止垛堆、模板和构件在土层冻融中倒塌。

4.3.11.3 雨季施工方案

雨季施工主要解决雨水的排除,对于大中型工程的施工现场,必须做好临时排水系统的总体规划,其中包括阻止场外水流入现场和将现场内水排出场外两部分。其原则是:上游截水,下游散水,坑底抽水,地面排水。

1. 雨季施工保证工程质量的技术措施

1)土方和基础工程

(1)雨季开挖基坑时,应注意边坡稳定。

(2)雨季施工的工作面不宜过大,应逐段、逐片、分期完成,基础控制标高后,及时验收并浇筑混凝土垫层。

(3)雨季施工,要做好排水沟、集水井。

2)砌体工程

(1)砖在雨季必须集中堆放,不宜浇水,砌墙时要求干湿砖块合理搭配,砖湿度较大时不可上墙,砌筑高度不宜超过1 m。

(2)稳定性较差的窗间墙,应加设临时支撑。

(3)雨后继续施工,复核已完工砌体的垂直度和标高。

3)混凝土工程

(1)模板隔离层在涂刷前要及时掌握天气情况,以防隔离层被雨水冲掉。

(2)遇到大雨应停止浇筑混凝土,已浇部位应加以覆盖。

(3)雨季施工时,应加强混凝土骨料含水率的测定,及时调整用水量。

(4)模板支撑下回填土要夯实,并加好垫板,雨后及时检查有无下沉。

4)吊装工程

(1)构件堆放地点要平整坚实,周围应做好排水工作,严禁构件堆放区积水、浸泡,防止泥土粘到预制件上。

(2)塔式起重机的路基,必须高出自然地面150 mm,严禁雨水浸泡路基。

(3)雨后吊装时,要先做试吊,将构件吊到1 m左右,往返上下数次稳定后再进行吊装工作。

5)屋面工程

(1)卷材屋面应尽量在雨季前施工,并同时安装屋面落水管。

(2)雨天严禁油毡屋面施工。

6)抹灰工程

(1)雨天不准进行室外抹灰,至少应能预计1~2 d的天气变化情况,对已经施工的墙面,应注意防止雨水污染。

(2)室内抹灰尽量在做完屋面后进行,至少做完屋面找平层,并铺一层油毡。

(3)雨天不宜涂刷罩面油漆。

2. 雨季施工保证安全的措施

(1)雨季施工主要应做好防雨、防风、防雷、防汛等工作。

①基础工程应开挖排水沟,雨后积水处应设置防护栏或警告标志,超过1 m深的基坑壁应设支撑。

②机械设备应设置在地势较高、防潮避雨的地方,要搭设防雨棚。机械设备的电源线路要绝缘良好,要有完善的保护措施。机动电闸箱的漏电保护装置要可靠。

③脚手架要经常检查,发现问题及时处理或更换加固。

④脚手架和构筑物要按电气专业规定设临时避雷装置。

(2)施工现场的防雷装置一般由避雷针、接地线和接地体三部分组成。

①避雷针装在高出建筑物的塔吊、钢管脚手架的最高顶端上。

②接地线可用截面不小于16 mm^{2}的铝导线,或用截面不小于12 mm^{2}的铜导线,也可用直径小于8 mm的圆钢。

③接地体有棒形和带形两种,棒形接地体一般采用长度1.5 m、壁厚不小于2.5 mm的钢管或50 mm×5 mm的角钢,将其一端垂直打入地下,其顶端高出地面不小于500 mm。带形接地体可采用截面积不小于50 mm^2、长度不小于3 m的扁钢,平卧于地下500 mm处。

④防雷装置的避雷针、接地线和接地体必须满焊(双面焊),焊缝长度应为圆钢直径的6倍或扁钢厚度的3倍。

4.3.12　消防保卫、文明施工

4.3.12.1　消防保卫

现场内道路保持畅通,消火栓设明显标志,附近不得堆物,消防工具不得随意挪用,明火作业有专人看火,申请用火证。现场吸烟到吸烟室,并设领导值班制和义务消防小组。

4.3.12.2　环境保护

因工程地处市区内,原场地清洁、清爽,为了更有效地保护环境,现场内的垃圾、污物和施工废料及时清除运走,搅拌机出口设沉淀池。居民稠密区为不扰民区,即晚 22 点以后到第二天 6 点以前不得施工。现场内经常打扫,建立卫生区负责人值班制,把现场的环境保护好。

4.3.12.3　现场文明施工

现场内临时设施按平面图搭设,场内保持清洁,做到"活完脚下清",砂浆、混凝土做到不洒、不漏、不倒、不剩,场内禁止大小便,工人不许酗酒、赌博、打架斗殴,看黄色录像和淫秽书刊,并应严格遵守市民守则,不说粗话、脏话,不穿拖鞋、高跟鞋上班。施工机械定期保养,保持整洁完好。

习　题

一、填空题

1. 单位工程施工方案选择的内容包括 ＿＿＿＿＿＿＿＿＿＿、＿＿＿＿＿＿＿＿＿＿、和 ＿＿＿＿＿＿＿＿＿＿。

2. 施工方案技术经济评价的方法有 ＿＿＿＿＿＿＿＿＿＿ 和 ＿＿＿＿＿＿＿＿＿＿。

3. 设计单位工程施工平面图,首先应布置 ＿＿＿＿＿＿＿＿＿＿。

4. 单位工程施工组织设计的核心是 ＿＿＿＿＿＿＿＿＿＿、＿＿＿＿＿＿＿＿＿＿ 和 ＿＿＿＿＿＿＿＿＿＿。

5. 根据施工组织设计编制的广度、深度和作用的不同,施工组织设计一般可分为 ＿＿＿＿＿＿＿＿＿＿、＿＿＿＿＿＿＿＿＿＿ 和 ＿＿＿＿＿＿＿＿＿＿。

6. 施工现场四周必须采用封闭围挡,市区主要路段的围挡高度不得低于 ＿＿＿＿＿ m,一般路段围挡高度不得低于 ＿＿＿＿＿ m。

7. 施工组织总设计,是以群体工程或特大型的工程项目为主要对象编制的施工组织设计,对整个工程项目的施工过程起 ＿＿＿＿＿＿＿＿＿＿、＿＿＿＿＿＿＿＿＿＿ 的作用。

二、单项选择题

1. 标前施工组织设计中施工程序、施工方法选择,施工机械选用以及劳动力、资源、半成品的投入量是(　　)的内容。

　　A. 施工进度计划　　　　　　　　B. 施工方案

　　C. 施工准备工作　　　　　　　　D. 工程概况

2. 标前施工组织设计的内容除施工方案、技术组织措施、平面布置以及其他有关投标和签约需要的设计外,还有(　　)。

　　A. 施工进度计划　　　　　　　　　B. 降低成本措施计划

　　C. 资源需要量计划　　　　　　　　D. 技术经济指标分析

3. 施工顺序是各施工过程之间在时间上的先后顺序,受两方面的制约,它们是(　　)。

　　A. 技术关系和组织关系　　　　　　B. 工艺关系和组织关系

　　C. 结构关系和技术关系　　　　　　D. 技术关系和工艺关系

4. 施工组织中,编制资源需要量计划的直接依据是(　　)。

　　A. 工程量清单　　　　　　　　　　B. 施工进度计划

　　C. 施工图　　　　　　　　　　　　D. 市场的供求情况

5. 施工组织设计是用以指导项目进行(　　)的全面性技术经济文件。

　　A. 施工准备　　　　　　　　　　　B. 正常施工

　　C. 招标　　　　　　　　　　　　　D. 施工准备和正常施工

6. 根据《建筑工程冬期施工规程》(JGJ/T 104—2011)的规定,当室外日平均气温连续 5 d 稳定低于(　　)℃即进入冬期施工。

　　A. 0　　　　　　　B. 5　　　　　　　C. −5　　　　　　　D. 10

7. 某工程计划编制施工组织设计,已收集和熟悉了相关资料,调查了项目特点和施工条件,计算了主要工种和工程量,确定了施工的总体部署,接下来应该进行的工作是(　　)。

　　A. 拟订施工方案　　　　　　　　　B. 编制施工总进度计划

　　C. 编制资源需求量计划　　　　　　D. 编制施工准备工作计划

8. 在施工总平面图设计中,铁路沿线仓库应布置在(　　)。

　　A. 铁路线两侧　　　　　　　　　　B. 靠近工地一侧

　　C. 弯道外侧　　　　　　　　　　　D. 坡道上部

三、问答题

1. 单位工程施工组织设计包括哪些内容?

2. 单位工程施工方案的选择应包括哪些内容?

3. 单位工程施工进度计划有何作用?

4. 标前和标后施工组织设计的主要区别是什么?

项目5 建筑工程施工管理

【学习目标】

知识目标	能力目标	权重
了解施工管理组织结构模式	能够根据实际情况组建施工项目部	30%
掌握施工进度控制	能编制一份施工进度计划表	30%
了解合同管理的相关内容	根据合同和法规进行工程管理	20%
了解职业健康安全与环境管理	能够依据法律要求进行施工现场布置和管理	10%
了解项目管理的其他内容	能够进行项目质量和成本的动态控制和管理	10%

【教学准备】 教材、教案、PPT课件、建设项目实例资料、施工现场等。

【教学建议】 通过案例导入、典型问题的提问，引导和激发学生对学习本门课程的兴趣。在多媒体教室及施工现场采用资料展示、实物对照、分组学习、翻转课堂等方法进行教学。

【建议学时】 6学时

任务5.1 施工方项目管理概述

5.1.1 施工方项目管理的目标和任务

施工方是承担施工任务的单位，其项目管理主要服务于项目的整体利益和施工方本身的利益。施工方项目管理的目标包括施工的成本目标、施工的进度目标和施工的质量目标。它涉及设计准备阶段、设计阶段、动用前准备阶段和保修期。

施工方项目管理的任务包括：①施工安全管理；②施工成本控制；③施工进度控制；④施工质量控制；⑤施工合同管理；⑥施工信息管理；⑦与施工有关的组织与协调。

施工方是承担施工任务的单位的总称谓，它可能是施工总承包方、施工总承包管理方、分包施工方、建设项目总承包的施工任务执行方或仅仅提供施工劳务的参与方。

5.1.1.1 施工任务委托模式

常见的施工任务委托模式主要有如下几种：

（1）发包方委托一个施工单位或由多个施工单位组成的施工联合体或施工合作体作为施工总承包单位,施工总承包单位视需要再委托其他施工单位作为分包单位配合施工。

（2）发包方委托一个施工单位或由多个施工单位组成的施工联合体或施工合作体作为施工总承包管理单位,发包方另委托其他施工单位作为分包单位进行施工。

（3）发包方不委托施工总承包单位,而平行委托多个施工单位进行施工。

5.1.1.2　施工承发包的模式

1. 施工平行承发包

1）平行承发包的含义

平行承发包,又称为分别承发包,是指发包方根据建设工程项目的特点、项目进展情况和控制的要求等因素,将建设工程项目按照一定的原则分解,将其施工任务分别发包给不同的施工单位,各个施工单位分别与发包方签订施工承包合同。

平行承发包的一般工作程序为:施工图设计完成→施工招投标→施工→完工验收。一般情况下,发包人在选择施工承包单位时通常根据施工图进行施工招标,即施工图设计已经完成,每个施工承包合同都可以实行总价合同。

2）施工平行承发包的特点

（1）费用控制。

①对每一部分工程施工任务的发包,都以施工图设计为基础,投标人进行投标报价较有依据,工程的不确定性程度降低了,对合同双方的风险也相对降低了;

②每一部分工程的施工,发包人都可以通过招标选择最好的施工单位承包,对降低工程造价有利;

③对业主来说,要等最后一份合同签订后才知道整个工程的总造价,对投资的早期控制不利。

（2）进度控制。

①某一部分施工图完成后,即可开始这部分工程的招标,开工日期提前,可以边设计边施工,缩短建设周期;

②由于要进行多次招标,业主用于招标的时间较多。

（3）质量控制。

①符合质量控制上的"他人控制"原则,对业主的质量控制有利;

②合同交界面比较多,应非常重视各合同之间界面的定义,否则对质量控制不利。

（4）合同管理。

①业主要负责所有施工承包合同的招标、合同谈判、签约,招标及合同管理工作量大,对业主不利;

②业主要负责对多个施工承包合同的跟踪管理,工作量较大。

（5）组织与协调。

业主要负责对所有承包商的管理及组织协调,承担类似于总承包管理的角色,工作量大,对业主不利。

3）施工平行承发包的应用

对施工任务的平行发包,发包方可以根据建设项目的结构进行分解发包,也可以根据建设项目施工的不同专业系统进行分解发包。

2. 施工总承包

1）施工总承包的含义

施工总承包，是指发包方将全部施工任务发包给一个施工单位或由多个施工单位组成的施工联合体或施工合作体，施工总承包单位主要依靠自己的力量完成施工任务。经发包人同意，施工总承包单位可以根据需要将施工任务的一部分分包给其他符合资质的分包人。施工总承包的一般工作程序为：施工图设计完成→施工总承包的招投标→施工→竣工验收。

2）施工总承包的特点

（1）费用控制。

①一般以施工图设计为投标报价的基础，投标人的投标报价较有依据；

②在开工前就有较明确的合同价，有利于业主对总造价的早期控制；

③若在施工过程中发生设计变更，则可能发生索赔。

（2）进度控制。

一般要等施工图设计全部结束后，才能进行施工总承包单位的招标，开工日期较迟，建设周期势必较长，对进度控制不利。这是施工总承包模式的最大缺点，限制了其在建设周期紧迫的建设工程项目中的应用。

（3）质量控制。

建设工程项目质量的好坏在很大程度上取决于施工总承包单位的管理水平和技术水平。

（4）合同管理。

业主只需要进行一次招标，与一个施工总承包商签约，招标及合同管理工作量大大减小，对业主有利。

（5）组织与协调。

业主只负责对施工总承包单位的管理及组织协调，工作量大大减小，对业主比较有利。

总之，与平行承发包模式相比，采用施工总承包模式，业主的合同管理工作量大大减小了，组织和协调工作量也大大减小，协调比较容易。但建设周期可能比较长，对进度控制不利。

3. 施工总承包管理

1）施工总承包管理的含义

施工总承包管理（CM）模式不同于施工总承包模式，采用该模式时，业主与某个具有丰富施工管理经验的单位或者多个单位组成的联合体或合作体签订施工总承包管理协议，由其负责整个项目的施工组织与管理。

一般情况下，施工总承包管理单位不参与具体工程的施工，而具体工程的施工需要分包单位再进行招标与发包，把具体工程的施工任务分包给分包商来完成。但有时施工总承包管理单位也想承担部分具体工程的施工，这时它也可以参加该部分工程的投标，通过竞争取得施工任务。

2）施工总承包管理模式与施工总承包模式的比较

（1）工作开展程序不同。

施工总承包模式的工作程序是：先进行建设项目的设计，待施工图设计结束后再进行施工总承包招投标，然后再进行施工。而如果采用施工总承包管理模式，施工总承包管理单位的招标可以不依赖完整的施工图，当完成一部分施工图就可对其进行招标。

施工总承包管理模式可以在很大程度上缩短建设周期。

（2）合同关系不同。

施工总承包管理单位与分包单位签订合同。

（3）对分包单位的选择和认可。

在施工总承包模式中，施工分包往往由施工总承包单位选择，由业主认可；而在施工总承包管理模式中，所有分包单位的选择都是由业主决策的。

业主通常通过招标选择分包单位。一般情况下，分包合同由业主与分包单位直接签订，但每一个分包人的选择和每一个分包合同的签订都要经过施工总承包管理单位的认可，因为施工总承包管理单位要承担施工总体管理和目标控制的任务和责任。如果施工总承包管理单位认为业主选定的某个分包人确实没有能力完成分包任务，而业主执意不肯更换分包人，施工总承包管理单位也可以拒绝认可该分包合同，并且不承担该分包人所负责工程的管理责任。有时，在业主要求并且施工总承包管理单位同意的情况下，分包合同也可以由施工总承包单位与分包单位签订。

（4）对分包单位的付款。

可以通过施工总承包管理单位支付，也可以由业主直接支付。

（5）施工总承包管理的合同价格。

施工总承包管理合同中一般只确定施工总承包管理费（通常是按工程建筑安装工程造价的一定百分比计取，也可以确定一个总价），而不需要确定建筑安装工程造价，这也是施工总承包管理模式的招标可以不依赖于施工图纸出齐的原因之一。

3）施工总承包管理模式的特点

（1）费用控制。

①某一部分工程的施工图完成后，由业主单独或与施工总承包管理单位共同进行该部分工程的招标，分包合同的投标报价较有依据；

②每一部分工程的施工，都可以通过招标选择最好的施工单位承包，获得最低的报价，对降低工程造价有利；

③在对施工总承包管理单位招标时，只确定总承包管理费，没有合同总造价，是业主承担的风险之一；

④多数情况下，由业主方与分包人直接签约，加大了业主方的风险。

（2）进度控制。

对施工总承包管理单位的招标不依赖于施工图设计，可以提前到初步设计阶段进行。而对分包单位的招标依据该部分工程的施工图，与施工总承包模式相比也可以提前，从而可以提前开工，缩短建设周期。

（3）质量控制。

①对分包人的质量控制主要由施工总承包管理单位进行；

②对分包单位来说，也有来自其他分包单位的横向控制，符合质量控制上的"他人控制"原则，对质量控制有利；

③各分包合同交界面的定义由施工总承包管理单位负责，减轻了业主方的工作量。

（4）合同管理。

①一般情况下，所有分包合同的招投标、合同谈判、签约工作由业主负责，业主方的招标及合同管理工作量大，对业主不利；

②对分包人的工程款支付又可分为总承包管理单位支付和业主直接支付两种形式，前者对于加大总承包管理单位对分包单位管理的力度更有利。

（5）组织与协调。

由施工总承包管理单位负责对所有分包人的管理及组织协调，大大减轻业主的工作。这是采用施工总承包管理模式的基本出发点。与分包单位的合同一般由业主签订，一定程度上削弱了施工总承包管理单位对分包单位管理的力度。

5.1.2 施工管理的组织结构模式

5.1.2.1 职能组织结构形式

职能组织结构基本形式如图 5-1 所示。

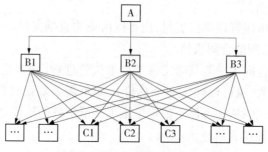

图 5-1 职能组织结构基本形式

在职能组织结构中，每一个职能部门可根据它的管理职能对其直接和非直接的下属工作部门下达工作指令。因此，每一个工作部门可能得到其直接和非直接的上级工作部门下达的工作指令，它就会有多个矛盾的指令源。一个工作部门的多个矛盾的指令源会影响企业管理机制的运行。

5.1.2.2 线性组织结构形式

线性组织结构基本形式如图 5-2 所示。

在线性组织结构中，每一个工作部门只能对其直接的下属部门下达工作指令，每一个工作部门也只有一个直接的上级部门，因此每一个工作部门只有唯一一个指令源，避免了由于矛盾的指令而影响组织系统的运行。但在一个特大的组织系统中，由于线性组织结构模式的指令路径过长，有可能会造成组织系统在一定程度上运行困难。

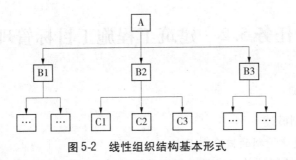

图 5-2　线性组织结构基本形式

5.1.2.3　矩阵组织结构形式

矩阵组织结构基本形式如图 5-3 所示。

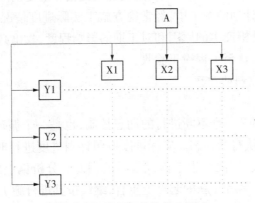

图 5-3　矩阵组织结构基本形式

矩阵组织结构适用于大的组织系统。在矩阵组织结构中,每一项纵向和横向交汇的工作,指令来自于纵向和横向两个工作部门,即其指令源为两个。在矩阵组织结构中为避免纵向和横向工作部门指令矛盾对工作的影响,可以采用以纵向工作部门指令为主或以横向工作部门指令为主的矩阵组织结构模式,如图 5-4、图 5-5 所示,这样也可减轻该组织系统的最高指挥者(部门)的协调工作量。

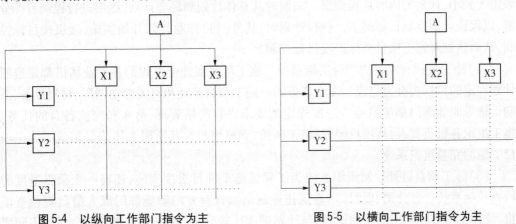

图 5-4　以纵向工作部门指令为主　　　　图 5-5　以横向工作部门指令为主

任务 5.2 建筑工程施工目标管理

5.2.1 进度控制

5.2.1.1 进度控制概述

1. 施工项目进度控制的概念与目标

施工项目进度控制的总目标是在保证施工质量和不因此而增加施工实际成本的条件下,确保施工项目的既定目标工期的实现,它是保证施工项目按期完成、合理安排资源供应、节约工程成本的重要措施。施工项目进度控制是指在既定的工期内,编制出最优的施工进度计划,在执行该计划的施工中,经常检查施工实际进度情况,并将其与计划进度相比较,若出现偏差,便分析产生的原因和对工期的影响程度,找出必要的调整措施,修改原计划,不断地如此循环,直至工程竣工验收。

2. 施工项目进度控制的原理

1)动态控制原理

施工项目进度控制是一个不断进行的动态控制,也是一个循环进行的过程。它是从项目施工开始,就进入执行的动态。实际进度按照计划进度进行时,两者相吻合,当实际进度与计划进度不一致时,便产生超前或落后的偏差。分析偏差的原因,采取相应的措施,调整原来的计划,使两者在新的起点上重合,继续按其进行施工活动,并且尽量发挥组织管理的作用,使实际工作按计划进行。但是在新的干扰因素作用下,又会产生新的偏差。施工进度计划控制就是采用这种动态循环的控制方法。

2)系统原理

(1)施工项目计划系统为了对施工项目实行进度计划控制,首先必须编制施工项目的各种进度计划。其中有施工项目总进度计划、单位工程进度计划、分部分项工程进度计划、季度和月(旬)作业计划,这些计划组成一个施工项目进度计划系统。计划的编制对象由大到小,计划的内容从粗到细。编制时从总体计划到局部计划,逐层进行控制目标分解,以保证计划控制目标落实。执行计划时,从月(旬)作业计划开始实施,逐级按目标控制,从而达到对施工项目整体进度目标控制。

(2)施工过程有完整的项目实施系统。施工项目实施全过程的各专业队伍都是遵照计划规定的目标去努力完成一个个任务的。施工项目经理和有关劳动调配、材料设备、采购运输等职能部门都按照施工进度规定的要求进行严格管理、落实和完成各自的任务。施工组织各级负责人,从项目经理、施工队长,到班组长及其所属全体成员组成了施工项目实施的完整组织系统。

(3)施工项目进度控制组织系统为了保证施工项目进度实施,还有一个项目进度的检查控制系统。自公司、项目,一直到作业班组都设有专门职能部门或人员负责检查汇报,统计整理实际施工进度的资料,与计划进度比较分析,并进行相应调整。当然不同层次人员负有不同进度控制职责,分工协作,形成一个纵横连接的施工项目控制组织系统。

3) 信息反馈原理

信息反馈是施工项目进度控制的主要环节,施工的实际进度通过信息反馈给基层施工项目进度控制的工作人员,在分工的职责范围内,经过对其加工,再将信息逐级向上反馈,直到主控制室,主控制室整理统计各方面的信息,经比较分析做出决策,调整进度计划,使其仍符合预定工期目标。若不应用信息反馈原理,不断地进行信息反馈,则无法进行计划控制。所以,施工项目进度控制的过程就是信息反馈的过程。

4) 弹性原理

施工项目工期长,影响进度的原因多,其中有的已被人们掌握,根据统计经验估计出影响的程度和出现的可能性,并在确定进度目标时,进行实现目标的风险分析。计划编制者具备了这些知识和实践经验之后,编制施工项目进度计划时就会留有余地,使施工进度计划具有弹性。在进行施工项目进度控制时,便可以利用这些弹性,缩短有关工作的时间,或者改变它们之间的搭接关系,使计划进度与实际进度吻合。这就是施工项目进度控制中对弹性原理的应用。

5) 封闭循环原理

项目的进度计划控制的全过程是计划、实施、检查、比较、分析、确定调整措施、再计划。从编制项目施工进度计划开始,经过实施过程的跟踪检查,收集有关实际进度的信息,比较和分析实际进度与施工计划进度之间的偏差,找出产生的原因和解决办法,确定调整措施,再修改原进度计划,形成一个封闭的循环系统。

6) 网络计划技术原理

在施工项目进度的控制中利用网络计划技术原理编制进度计划,根据收集的实际进度信息,比较和分析进度计划,又利用网络计划的工期优化、工期与成本优化和资源优化的理论调整计划。

5.2.1.2　进度计划控制的方法

1. 横道图比较法

1) 工作匀速进展横道图比较法

在横道图中,用细实线表示计划进度,用粗实线表示检查时的实际进度。

(1) 涂黑的粗线右端与检查日期相重合,表明实际进度与施工计划进度相一致。

(2) 涂黑的粗线右端在检查日期的左侧,表明实际进度拖后。

(3) 涂黑的粗线右端在检查日期的右侧,表明实际进度超前。

该方法只适用于工作从开始到完成的整个过程中,施工速度不变,累计完成的任务量与时间成正比的情况。若工作的施工速度是变化的,则这种方法不能进行工作的实际进度与计划进度之间的比较。

2) 工作非匀速进展横道图比较法

图 5-6 上刻度线表示计划完成任务累计百分比,下刻度线表示对应时间内实际完成任务累计百分比,中间矩形区涂黑部分表示工作的连续完成,空白部分表示工作中断或者尚未开始。

横道图法简单、直观、易于理解和掌握,但是逻辑关系不明显,关键线路和关键工作无法确定,如果出现偏差,难以预测其对后续工作和总工期的影响。

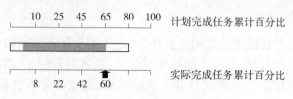

图5-6　工作非匀速进展横道图比较法

2. 实际进度前锋线法

实际进度前锋线,是在网络计划执行中,从检查时刻的时标点出发,用直线依次将各项工作实际进展位置点连接而成的折线。前锋线一般标示在时间坐标网络图上,如图5-7所示。

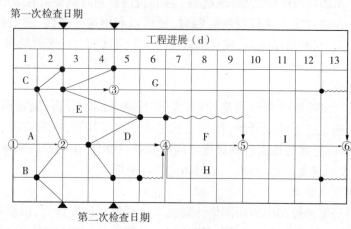

图5-7　实际进度前锋线

5.2.1.3　进度计划控制的措施

1. 组织措施

(1)建立进度控制目标体系,明确建设工程现场监理组织机构中进度控制人员及其职责分工。

(2)建立工程进度报告制度及进度信息沟通网络。

(3)建立进度计划审核制度和进度计划实施中的检查分析制度。

(4)建立进度协调会议制度,包括协调会议举行的时间、地点,协调会议的参加人员等。

(5)建立图纸审查、工程变更和设计变更管理制度。

2. 技术措施

(1)审查承包商提交的进度计划,使承包商能在合理的状态下施工。

(2)编制进度控制工作细则,指导监理人员实施进度控制。

(3)采用网络计划技术及其他科学适用的计划方法,并结合电子计算机的应用,对建设工程进度实施动态控制。

3. 经济措施

(1)及时办理工程预付款及工程进度款支付手续。

（2）对应急赶工给予优厚的赶工费用。

（3）对工期提前给予奖励。

（4）对工程延误收取误期损失赔偿金。

（5）加强索赔管理，公正地处理索赔。

4. 管理措施

建设工程项目进度控制的管理措施涉及管理的思想、管理方法、管理手段、承发包模式、合同管理和风险管理等。在理顺组织的前提下，科学和严谨的管理显得十分重要。

5.2.2　成本控制

5.2.2.1　施工成本管理的任务

施工成本是指在建设工程项目的施工过程中所发生的全部生产费用的总和，包括所消耗的原材料、辅助材料、构配件等的费用，周转材料的摊销费或租赁费等，施工机械的使用费或租赁费等，支付给生产工人的工资、奖金、工资性质的津贴等，以及进行施工组织与管理所发生的全部费用支出。建设工程项目施工成本由直接成本和间接成本组成。直接成本是指施工过程中耗费的构成工程实体或有助于工程实体形成的各项费用支出，其是可以直接计入工程对象的费用，包括人工费、材料费、施工机械使用费和施工措施费等。间接成本是指为施工准备、组织和管理施工生产的全部费用支出，是非直接用于也无法直接计入工程对象，但为进行工程施工所必须发生的费用，包括管理人员工资、办公费、差旅交通费等。

施工成本管理的任务主要包括施工成本预测、施工成本计划、施工成本控制、施工成本核算、施工成本分析、施工成本考核。

1. 施工成本预测

施工成本预测就是根据成本信息和施工项目的具体情况，运用一定的专门方法，对未来的成本水平及其可能发展趋势做出科学的估计，其是在工程施工以前对成本进行的估算。通过成本预测，可以在满足项目业主和本企业要求的前提下，选择成本低、效益好的最佳成本方案，并能够在施工项目成本形成过程中，针对薄弱环节，加强成本控制，克服盲目性，提高预见性。因此，施工成本预测是施工项目成本决策与计划的依据。

2. 施工成本计划

施工成本计划是以货币形式编制施工项目在计划期内的生产费用、成本水平、成本降低率以及为降低成本所采取的主要措施和规划的书面方案，它是建立施工项目成本管理责任制、开展成本控制和核算的基础，它是该项目降低成本的指导文件，是设立目标成本的依据。

施工成本计划的具体内容如下。

1）编制说明

编制说明指对工程的范围、投标竞争过程及合同条件、承包人对项目经理提出的责任成本目标、施工成本计划编制的指导思想和依据等的具体说明。

2）施工成本计划的指标

施工成本计划的指标应经过科学的分析预测确定，可以采用对比法、因素分析法等进行测定。

3）按工程量清单列出的单位工程计划成本汇总表

单位工程计划成本汇总表见表5-1。

表5-1　单位工程计划成本汇总表

序号	清单项目编码	清单项目名称	合同价格	计划成本
1				
2				
⋮				

4）按成本性质划分的单位工程成本汇总表

根据清单项目的造价分析，分别对人工费、材料费、机械费、措施费、企业管理费和税费进行汇总，形成单位工程成本汇总表。

3. 施工成本控制

施工成本控制是指在施工过程中，对影响施工成本的各种因素加强管理，并采取各种有效措施，将施工中实际发生的各种消耗和支出严格控制在成本计划范围内并及时反馈，严格审查各项费用是否符合标准，计算实际成本和计划成本之间的差异并进行分析，进而采取多种措施，消除施工中的损失浪费现象。

建设工程项目施工成本控制应贯穿于项目从投标阶段直至竣工验收的全过程，它是企业全面成本管理的重要环节。施工成本控制可分为事先控制、事中控制（过程控制）和事后控制。在项目的施工过程中，需按动态控制原理对实际施工成本的发生过程进行有效控制。

4. 施工成本核算

施工成本核算包括两个基本环节：一是按照规定的成本开支范围对施工费用进行归集和分配，计算出施工费用的实际发生额；二是根据成本核算对象，采用适当的方法，计算出该施工项目的总成本和单位成本。施工成本管理需要正确及时地核算施工过程中发生的各项费用，计算施工项目的实际成本。施工项目成本核算所提供的各种成本信息，是成本预测、成本计划、成本控制、成本分析和成本考核等各个环节的依据。

施工成本一般以单位工程为成本核算对象，但也可以按照承包工程项目的规模、工期、结构类型、施工组织和施工现场等情况，结合成本管理要求，灵活划分成本核算对象。施工成本核算的基本内容包括：①人工费核算；②材料费核算；③周转材料费核算；④结构件费核算；⑤机械使用费核算；⑥其他措施费核算；⑦分包工程成本核算；⑧间接费核算；⑨项目月度施工成本报告编制。

形象进度、产值统计、实际成本归集三同步，即三者的取值范围应是一致的。形象进度表达的工程量、统计施工产值的工程量和实际成本归集所依据的工程量均应是相同的数值。对竣工工程的成本核算，应区分为竣工工程现场成本和竣工工程完全成本，分别由项目经理部和企业财务部门进行核算分析，其目的在于分别考核项目管理绩效和企业经营效益。

5. 施工成本分析

施工成本分析是在施工成本核算的基础上,对成本的形成过程和影响成本升降的因素进行分析,以寻求进一步降低成本的途径,包括有利偏差的挖掘和不利偏差的纠正。施工成本分析贯穿于施工成本管理的全过程,其是在成本的形成过程中,主要利用施工项目的成本核算资料(成本信息),与目标成本、预算成本以及类似的施工项目的实际成本等进行比较,了解成本的变动情况,同时也要分析主要技术经济指标对成本的影响,系统地研究成本变动的因素,检查成本计划的合理性,并通过成本分析,深入揭示成本变动的规律,寻找降低施工项目成本的途径,以便有效地进行成本控制。成本偏差的控制,分析是关键,纠偏是核心,要针对分析得出的偏差发生原因,采取切实措施,加以纠正。

6. 施工成本考核

施工成本考核是指在施工项目完成后,对施工项目成本形成中的各责任者,按施工项目成本目标责任制的有关规定,将成本的实际指标与计划、定额、预算进行对比和考核,评定施工项目成本计划的完成情况和各责任者的业绩,并以此给予相应的奖励和处罚。通过成本考核,做到有奖有惩,赏罚分明,才能有效地调动每一位员工在各自施工岗位上努力完成目标成本的积极性,为降低施工项目成本和增加企业的积累,做出自己的贡献。

5.2.2.2　施工成本管理的措施

1. 组织措施

组织措施是从施工成本管理的组织方面采取的措施。施工成本控制是全员的活动,如实行项目经理责任制,落实施工成本管理的组织机构和人员,明确各级施工成本管理人员的任务和职能分工、权利和责任。施工成本管理不仅是专业成本管理人员的工作,各级项目管理人员都负有成本控制责任。组织措施的另一方面是编制施工成本控制工作计划,确定合理详细的工作流程。要做好施工采购规划,通过生产要素的优化配置、合理使用、动态管理,有效控制实际成本;加强施工定额管理和施工任务单管理,控制活劳动和物化劳动的消耗;加强施工调度,避免因施工计划不周和盲目调度造成窝工损失、机械利用率降低、物料积压等而使施工成本增加。成本控制工作只有建立在科学管理的基础之上,具备合理的管理体制、完善的规章制度、稳定的作业秩序、完整准确的信息传递,才能取得成效。组织措施是其他各类措施的前提和保障,而且一般不需要增加什么费用,运用得当可以收到良好的效果。

2. 技术措施

施工过程中降低成本的技术措施,包括进行技术经济分析,确定最佳的施工方案;结合施工方法,进行材料使用的比选,在满足功能要求的前提下,通过代用、改变配合比、使用添加剂等方法降低材料消耗的费用;确定最合适的施工机械、设备使用方案;结合项目的施工组织设计及自然地理条件,降低材料的库存成本和运输成本;先进的施工技术的应用、新材料的运用、新开发机械设备的使用等。在实践中,也要避免仅从技术角度选定方案而忽视对其经济效果的分析论证。

技术措施不仅对解决施工成本管理过程中的技术问题是不可缺少的,而且对纠正施工成本管理目标偏差也有相当重要的作用。因此,运用技术纠偏措施的关键,一是要能提出多个不同的技术方案,二是要对不同的技术方案进行技术经济分析。

3. 经济措施

经济措施是最易为人们所接受和采取的措施。管理人员应编制资金使用计划,确定、分解施工成本管理目标;对施工成本管理目标进行风险分析,并制定防范性对策;对各种支出,应认真做好资金的使用计划,并在施工中严格控制各项开支;及时准确地记录、收集、整理、核算实际发生的成本;对各种变更,及时做好增减账,及时落实业主签证,及时结算工程款;通过偏差分析和未完工工程预测,可发现一些潜在的问题将引起未完工程施工成本增加,对这些问题应以主动控制为出发点,及时采取预防措施。由此可见,经济措施的运用绝不仅仅是财务人员的事情。

4. 合同措施

采用合同措施控制施工成本,应贯穿整个合同周期,包括从合同谈判开始到合同终结的全过程。首先是选用合适的合同结构,对各种合同结构模式进行分析、比较,在合同谈判时,要争取选用适合于工程规模、性质和特点的合同结构模式。其次,在合同的条款中应仔细考虑一切影响成本和效益的因素,特别是潜在的风险因素。通过对引起成本变动的风险因素的识别和分析,采取必要的风险对策,如通过合理的方式,增加承担风险的个体数量,降低损失发生的比例,并最终使这些策略反映在合同的具体条款中。在合同执行期间,合同管理的措施既要密切关注对方合同执行的情况,以寻求合同索赔的机会;同时也要密切关注自己履行合同的情况,以防止被对方索赔。

5.2.3 质量控制

5.2.3.1 质量控制的概念

建设工程项目质量是指通过项目实施形成的工程实体的质量,是反映建筑工程满足相关标准规定或合同约定的要求,包括其在安全、使用功能及在耐久性、环境保护等方面所有明显和隐含能力的特性总和。其质量特性主要体现为适用性、安全性、耐久性、可靠性、经济性及环境的协调性等。

5.2.3.2 质量控制的目标

建设工程项目质量控制的目标,就是实现由项目决策所决定的项目质量目标,使项目的适用性、安全性、耐久性、可靠性、经济性及环境的协调性等满足建设单位需要并符合国家法律、行政法规和技术标准的要求。

5.2.3.3 质量控制的原理

PDCA 循环,是建立质量体系和进行质量管理的基本方法。每一循环都围绕着实现预期目标,进行计划、实施、检查和处置活动,随着对存在问题的解决和改进,在一次次的滚动循环中逐步上升,不断增强质量管理能力,不断提高质量水平。每一个循环的四大职能活动相互联系,共同构成了质量管理的系统过程。

(1)计划(P):包括确定质量目标和制订实现质量目标的行动方案两方面。建设单位确定和论证项目总体的质量目标,项目其他各参与方制订实施相应范围质量管理的行动方案。实践表明质量计划的严谨周密、经济合理和切实可行,是保证工作质量、产品质量和服务质量的前提条件。

（2）实施（D）：实施职能在于将质量的目标值，通过生产要素的投入、作业技术活动和产出过程，转换为质量的实际值。

（3）检查（C）：一是检查是否严格执行了计划的行动方案，实际条件是否发生了变化，不执行计划的原因；二是检查计划执行的结果。

（4）处置（A）：处置分纠偏和预防改进两个方面。

5.2.3.4　影响质量的因素

（1）人的因素：包括个体的人和团体的人。

（2）材料因素：包括工程材料和施工用料。材料质量是工程质量的基础，材料质量不符合要求，工程质量就不可能达到标准。所以加强对材料质量的控制，是保证工程质量的基础。

（3）机械因素：机械包括工程设备、施工机械、装置和辅助配套的电梯、泵机，以及通风空调、消防设备等。它们是工程的重要组成部分，其质量的优劣直接影响工程使用功能的发挥。

（4）方法因素：包括工程技术和辅助的生产技术，工程技术包括勘察、设计、施工和材料技术等，辅助技术则是检查检验和试验技术。

（5）环境因素：包括自然环境、作业场所环境、社会环境和管理环境（施工现场组织管理协调）。

以上五个因素，其中前四个属于项目管理者可控因素，最后一个属于不可控因素。

5.2.4　职业健康安全与环境管理

5.2.4.1　职业健康安全事故的分类及处理

1. 职业健康安全事故的分类

1）按照安全事故伤害程度分类

（1）轻伤，指损失 1 个工作日至 105 个工作日的失能伤害。

（2）重伤，指损失工作日等于和超过 105 个工作日的失能伤害，重伤的损失工作日最多不超过 6 000 工日。

（3）死亡，指损失工作日超过 6 000 工日。

2）按照安全事故类别分类

事故类别划分为 20 类，即物体打击、车辆伤害、机械伤害、起重伤害、触电、淹溺、灼烫、火灾、高处坠落、坍塌、冒顶片帮、透水、放炮、瓦斯爆炸、火药爆炸、锅炉爆炸、容器爆炸、其他爆炸、中毒和窒息、其他伤害。

3）按照安全事故受伤性质分类

受伤性质是指人体受伤的类型，实质上是从医学的角度给予创伤的具体名称，常见的有：电伤、挫伤、割伤、擦伤、刺伤、撕脱伤、扭伤、倒塌压埋伤、冲击伤等。

4）按照安全事故造成的人员伤亡或直接经济损失分类

（1）特别重大事故，是指造成 30 人以上死亡，或者 100 人以上重伤（包括急性工业中毒，下同），或者 1 亿元以上直接经济损失的事故。

（2）重大事故，是指造成 10 人以上 30 人以下死亡，或者 50 人以上 100 人以下重伤，或者 5 000 万元以上 1 亿元以下直接经济损失的事故。

（3）较大事故，是指造成 3 人以上 10 人以下死亡，或者 10 人以上 50 人以下重伤，或者 1 000 万元以上 5 000 万元以下直接经济损失的事故。

（4）一般事故，是指造成 3 人以下死亡，或者 10 人以下重伤，或者 1 000 万元以下 100 万元以上直接经济损失的事故。

本等级划分所称的"以上"包括本数，所称的"以下"不包括本数。

2. 施工生产安全事故的处理

1）生产安全事故报告和调查处理的原则

必须实施"四不放过"的原则：①事故原因没有查清不放过；②责任人员没有受到处理不放过；③职工群众没有受到教育不放过；④防范措施没有落实不放过。

2）事故报告的要求

事故报告应当及时、准确、完整，任何单位和个人对事故不得迟报、漏报、谎报或瞒报。施工单位事故报告要求：生产安全事故发生后，受伤者或最先发现事故的人员应立即用最快的传递手段，将发生事故的时间、地点、伤亡人数、事故原因等情况，向施工单位负责人报告；施工单位负责人接到报告后，应当在 1 h 内向事故发生地县级以上人民政府建设主管部门和有关部门报告。

实行施工总承包的建设工程，由总承包单位负责上报事故。情况紧急时，事故现场有关人员可以直接向事故发生地县级以上人民政府建设主管部门和有关部门报告。

建设主管部门接到事故报告后，应当依照下列规定上报事故情况，并通知安全生产监督管理部门、公安机关、劳动保障行政主管部门、工会和人民检察院。

（1）较大事故、重大事故及特别重大事故逐级上报至国务院建设主管部门。

（2）一般事故逐级上报至省、自治区、直辖市人民政府建设主管部门。

（3）建设主管部门依照规定上报事故情况时，应当同时报告本级人民政府。国务院建设主管部门接到重大事故和特别重大事故的报告后，应当立即报告国务院。

必要时，建设主管部门可以越级上报事故情况。

建设主管部门按照上述规定逐级上报事故情况时，每级上报的时间不得超过 2 h。

3）事故报告的内容

（1）事故发生的时间、地点和工程项目、有关单位名称。

（2）事故的简要经过。

（3）事故已经造成或者可能造成的伤亡人数（包括下落不明的人数）和初步估计的直接经济损失。

（4）事故的初步原因。

（5）事故发生后采取的措施及事故控制情况。

（6）事故报告单位或报告人员。

（7）其他应当报告的情况。

事故报告后出现新情况，以及事故发生之日起 30 日内伤亡人数发生变化的，应当及时补报。

3. 事故调查

事故调查报告的内容应包括：

(1)事故发生单位概况。

(2)事故发生经过和事故救援情况。

(3)事故造成的人员伤亡和直接经济损失。

(4)事故发生的原因和事故性质。

(5)事故责任的认定和对事故责任者的处理建议。

(6)事故防范和整改措施。

4. 事故处理

1)施工单位的事故处理

(1)事故现场处理。

(2)事故登记。

(3)事故分析记录。

(4)要坚持安全事故月报制度,若当月无事故也要报空表。

2)建设主管部门的事故处理

(1)对事故相关责任者实施行政处罚。

(2)对施工单位给予暂扣或吊销安全生产许可证的处罚。

(3)对事故发生负有责任的注册执业资格人员给予罚款、停止执业或吊销其注册执业资格证书的处罚。

5.2.4.2　建设工程施工现场职业健康安全与环境管理的要求

1. 文明施工的组织措施

(1)建立文明施工的管理组织,应确立项目经理为现场文明施工的第一责任人。

(2)健全文明施工的管理制度,包括建立各级文明施工岗位责任制、将文明施工工作考核列入经济责任制,建立定期的检查制度,实行自检、互检、交接检制度。

2. 文明施工的管理措施

(1)现场围挡设计。市区主要路段和其他涉及市容景观的工地设置围挡高度不低于2.5 m,其他工地的围挡高度不低于1.8 m。

(2)现场工程标志牌设计。设计"五牌一图",即工程概况牌、管理人员名单及监督电话牌、消防保卫(防火责任)牌、安全生产牌、文明施工牌和施工现场平面图。

3. 施工现场环境保护的措施

(1)环境保护的组织措施。项目经理全面负责施工过程中的现场环境保护的管理工作。

(2)环境保护的技术措施。①妥善处理泥浆水,未经处理不得直接排入城市排水设施和河流;②除设有符合规定的装置外,不得在施工现场熔融沥青或焚烧油毡、油漆及其他会产生有毒有害烟尘和恶臭气体的物质;③使用密封式的圈筒或采取其他措施处理高空废弃物;④采取有效措施控制施工过程中的扬尘;⑤禁止将有毒有害废弃物用作土方回填;⑥对产生噪声、振动的施工机械,应采取有效控制措施,减轻噪声扰民。

4. 施工现场环境污染的处理

1）大气污染的处理

（1）施工现场外围围挡不得低于1.8 m。

（2）施工现场垃圾杂物要及时清理。

（3）易飞扬材料入库密闭存放或覆盖存放。

（4）施工现场道路应硬化。

（5）禁止施工现场焚烧会产生有毒、有害烟尘和恶臭气体的物质。

（6）拆除旧有建筑物时，应适当洒水。

（7）在城区、郊区城镇和居民稠密区、风景旅游区、疗养区及国家规定的文物保护区内施工的工程，严禁使用敞口锅熬制沥青。

2）水污染的处理

（1）施工现场搅拌站的污水、水磨石的污水等须经排水沟排放和沉淀池沉淀后再排入城市污水管道或河流，污水未经处理不得直接排入城市污水管道或河流。

（2）禁止将有毒有害废弃物作土方回填，避免污染水源。

（3）对于现场气焊用的乙炔发生罐产生的污水严禁随地倾倒。

（4）施工现场存放油料、化学溶剂等设有专门的库房，必须对库房地面和高250 mm墙面进行防渗处理，如采用防渗混凝土或刷防渗漏涂料等。领料使用时，要采取措施，防止油料跑、冒、滴、漏而污染水体。

（5）施工现场100人以上的临时食堂，应设置简易有效的隔油池。

（6）施工现场临时厕所的化粪池应采取防渗漏措施，防止污染水休。

3）噪声污染的处理

（1）尽量降低施工现场附近敏感点的噪声强度，避免噪声扰民。

（2）在人口密集区进行较强噪声施工时，须严格控制作业时间，一般避开晚10时到次日早6时的作业；对环境的污染不能控制在规定范围内的，必须昼夜连续施工时，要尽量采取措施降低噪声。

（3）建筑施工过程中场界环境噪声不得超过《建筑施工场界环境噪声排放标准》（GB 12523—2011）规定的排放限值。

（4）施工场界噪声限值：昼间70 dB，夜间55 dB。

5.2.5　施工合同管理

合同管理是工程项目管理的重要内容之一。合同管理包括对工程合同的签订、履行、变更和索赔等管理，我们主要介绍施工合同的订立、《建设工程施工合同（示范文本）》、合同的计价方式。

5.2.5.1　施工合同的订立

1. 订立施工合同应具备的条件

（1）初步设计已经批准。

（2）工程项目已经列入年度建设计划。

（3）有能够满足施工需要的设计文件和有关技术资料。

（4）建设资金和主要建筑材料设备来源已经落实。

（5）招投标工程,中标通知书已经下达。

2. 订立施工合同的程序

建设工程合同的订立也要采取要约和承诺方式,根据《中华人民共和国招标投标法》对招标、投标的规定,招标、投标、中标的过程实质就是要约、承诺的一种具体方式。招标人通过媒体发布招标公告,或向符合条件的投标人发出招标邀请,为要约邀请;投标人根据招标文件内容在约定的期限内向招标人提交投标文件,为要约;招标人通过评标确定中标人,发出中标通知书,为承诺;招标人和中标人按照中标通知书、招标文件和中标人的投标文件等订立书面合同时,合同成立并生效。建设工程施工合同的订立往往要经历一个较长的过程。在明确中标人并发出中标通知书后,双方即可就建设工程施工合同的具体内容和有关条款展开谈判,直到最终签订合同。

5.2.5.2 《建设工程施工合同(示范文本)》

《建设工程施工合同(示范文本)》(GF—2013—0201)(简称《示范文本》)为非强制性使用文本。《示范文本》适用于房屋建筑工程、土木工程、线路管道和设备安装工程、装修工程等建设工程的施工承发包活动,合同当事人可结合建设工程具体情况,根据《示范文本》订立合同,并按照法律法规规定和合同约定承担相应的法律责任及合同权利义务。

1.《示范文本》的组成

《示范文本》由合同协议书、通用合同条款、专用合同条款三部分组成,并附有三个附件:附件一是《承包人承揽工程项目一览表》、附件二是《发包方供应材料设备一览表》、附件三是《房屋建筑工程质量保修书》。

2. 施工合同文件的组成及解释顺序

组成合同的各项文件应互相解释,互为说明。除专用合同条款另有约定外,解释合同文件的优先顺序如下:

（1）合同协议书。

（2）中标通知书(如果有)。

（3）投标函及其附录(如果有)。

（4）专用合同条款及其附件。

（5）通用合同条款。

（6）技术标准和要求。

（7）图纸。

（8）已标价工程量清单或预算书。

（9）其他合同文件。

上述各项合同文件包括合同当事人就该项合同文件所作出的补充和修改,属于同一类内容的文件,应以最新签署的为准。

在合同订立及履行过程中形成的与合同有关的文件均构成合同文件组成部分,并根据其性质确定优先解释顺序。

5.2.5.3 合同的计价方式

建设工程施工承包合同的计价方式主要有三种,即总价合同、单价合同和成本加酬金合同。

1. 单价合同的运用

当施工发包的工程内容和工程量一时尚不能十分明确、具体地予以规定时,则可以采用单价合同(Unit Price Contract)形式,即根据计划工程内容和估算工程量,在合同中明确每项工程内容的单位价格(如每米、每平方米或者每立方米的价格),实际支付时则根据每一个子项的实际完成工程量乘以该子项的合同单价计算该项工作的应付工程款。

单价合同的特点是单价优先,例如 FIDIC 土木工程施工合同中,业主给出的工程量清单表中的数字是参考数字,而实际工程款则按实际完成的工程量和合同中确定的单价计算。虽然在投标报价、评标以及签订合同中,人们常常注重总价格,但在工程款结算中单价优先,对于投标书中明显的数字计算错误,业主有权力先作修改再评标,当总价和单价的计算结果不一致时,以单价为准调整总价。例如,某单价合同的投标报价单中,投标人报价如表 5-2 所示。

表 5-2 投标人报价

序号	工程分项	单位	数量	单价(元)	合价(元)
1					
2					
⋮					
X	钢筋混凝土	m³	1 000	300	30 000
⋮					
总报价					8 100 000

根据投标人的投标单价,钢筋混凝土的合价应该是 300 000 元,而实际只写了 30 000 元,在评标时应根据单价优先原则对总报价进行修正,所以正确的报价应该是 8 100 000 + (300 000 − 30 000) = 8 370 000(元)。

在实际施工时,如果实际工程量是 1 500 m³,则钢筋混凝土工程的价款金额应该是 300 × 1 500 = 450 000(元)。

由于单价合同允许随工程量变化而调整工程总价,业主和承包商都不存在工程量方面的风险,因此对合同双方都比较公平。另外,在招标前,发包单位无需对工程范围作出完整的、详尽的规定,从而可以缩短招标准备时间,投标人也只需对所列工程内容报出自己的单价,从而缩短投标时间。

采用单价合同对业主的不足之处是,业主需要安排专门力量来核实已经完成的工程量,需要在施工过程中花费不少精力,协调工作量大。另外,用于计算应付工程款的实际工程量可能超过预测的工程量,即实际投资容易超过计划投资,对投资控制不利。

单价合同又分为固定单价合同和变动单价合同。

固定单价合同条件下,无论发生哪些影响价格的因素都不对单价进行调整,因而对承包商而言就存在一定的风险。当采用变动单价合同时,合同双方可以约定一个估计的工程量,当实际工程量发生较大变化时可以对单价进行调整,同时还应该约定如何对单价进行调整;当然也可以约定,当通货膨胀达到一定水平或者国家政策发生变化时,可以对哪些工程内容的单价进行调整以及如何调整等。因此,承包商的风险就相对较小。

固定单价合同适用于工期较短、工程量变化幅度不太大的项目。

在工程实践中,采用单价合同有时也会根据估算的工程量计算一个初步的合同总价,作为投标报价和签订合同之用。但是,当上述初步的合同总价与各项单价乘以实际完成的工程量之和发生矛盾时,则肯定以后者为准,即单价优先。实际工程款的支付也将以实际完成工程量乘以合同单价进行计算。

2. 总价合同的运用

1)总价合同的含义

所谓总价合同(Lump Sum Contract),是指根据合同规定的工程施工内容和有关条件,业主应付给承包商的款额是一个规定的金额,即明确的总价。总价合同也称作总价包干合同,即根据施工招标时的要求和条件,当施工内容和有关条件不发生变化时,业主付给承包商的价款总额就不发生变化。

2)总价合同的形式

总价合同又分为固定总价合同和变动总价合同两种。

(1)固定总价合同。

固定总价合同的价格计算是以图纸及规定、规范为基础,工程任务和内容明确,业主的要求和条件清楚,合同总价一次包死,固定不变,即不再因为环境的变化和工程量的增减而变化。在这类合同中,承包商承担了全部的工作量和价格的风险。因此,承包商在报价时应对一切费用的价格变动因素以及不可预见因素做充分的估计,并将其包含在合同价格之中。

在国际上,这种合同被广泛接受和采用,因为有比较成熟的法规和先例的经验;对业主而言,在合同签订时就可以基本确定项目的总投资额,对投资控制有利;在双方都无法预测的风险条件下和可能有工程变更的情况下,承包商承担了较大的风险,业主的风险较小。但是,工程变更和不可预见的困难也常常引起合同双方的纠纷或者诉讼,最终导致其他费用的增加。

当然,在固定总价合同中还可以约定,在发生重大工程变更、累计工程变更超过一定幅度或者其他特殊条件下可以对合同价格进行调整。因此,需要定义重大工程变更的含义、累计工程变更的幅度以及什么样的特殊条件才能调整合同价格,以及如何调整合同价格等。

采用固定总价合同,双方结算比较简单,但是由于承包商承担了较大的风险,因此报价中不可避免地要增加一笔较高的不可预见风险费。承包商的风险主要有两个方面:一是价格风险,二是工作量风险。价格风险有报价计算错误、漏报项目、物价和人工费上涨等;工作量风险有工程量计算错误、工程范围不确定、工程变更或者由于设计深度不够所造成的误差等。

固定总价合同适用于以下情况:

①工程量小、工期短,估计在施工过程中环境因素变化小,工程条件稳定并合理;

②工程设计详细,图纸完整、清楚,工程任务和范围明确;

③工程结构和技术简单,风险小;

④投标期相对宽裕,承包商可以有充足的时间详细考察现场,复核工程量,分析招标文件,拟订施工计划。

(2)变动总价合同。

变动总价合同又称为可调总价合同,合同价格是以图纸及规定、规范为基础,按照时价进行计算,得到包括全部工程任务和内容的暂定合同价格。它是一种相对固定的价格,在合同执行过程中,由于通货膨胀等原因而使所使用的工、料成本增加时,可以按照合同约定对合同总价进行相应的调整。当然,一般由于设计变更、工程量变化和其他工程条件变化所引起的费用变化也可以进行调整。因此,通货膨胀等不可预见因素的风险由业主承担,对承包商而言,其风险相对较小,但对业主而言,不利于其进行投资控制,突破投资的风险就增大了。

在工程施工承包招标时,施工期限一年左右的项目一般实行固定总价合同,通常不考虑价格调整问题,以签订合同时的单价和总价为准,物价上涨的风险全部由承包商承担。但是对建设周期一年半以上的工程项目,则应考虑下列因素引起的价格变化问题:

(1)劳务工资以及材料费用的上涨。

(2)其他影响工程造价的因素,如运输费、燃料费、电力等价格的变化。

(3)外汇汇率的不稳定。

(4)国家或者省、市立法的改变引起的工程费用的上涨。

3)总价合同的特点和应用

显然,采用总价合同时,对承发包工程的内容及其各种条件都应基本清楚、明确,否则,承发包双方都有蒙受损失的风险。因此,一般是在施工图设计完成,施工任务和范围比较明确,业主的目标、要求和条件都清楚的情况下才采用总价合同。对业主来说,由于设计花费时间长,因而开工时间较晚,开工后的变更容易带来索赔,而且在设计过程中也难以吸收承包商的建议。

总价合同的特点是:

(1)发包单位可以在报价竞争状态下确定项目的总造价,可以较早确定或者预测工程成本。

(2)业主的风险较小,承包人将承担较多的风险。

(3)评标时易于迅速确定最低报价的投标人。

(4)在施工进度上能极大地调动承包人的积极性。

(5)发包单位能更容易、更有把握地对项目进行控制。

(6)必须完整而明确地规定承包人的工作。

(7)必须将设计和施工方面的变化控制在最小限度内。

总价合同和单价合同有时在形式上很相似,例如,在有的总价合同的招标文件中也有工程量表,也要求承包商提出各分项工程的报价,与单价合同在形式上很相似,但两者在性质上是完全不同的。总价合同是总价优先,承包商报总价,双方商讨并确定合同总价,最终也按总价结算。

3. 成本加酬金合同的运用

1) 成本加酬金合同的含义

成本加酬金合同也称为成本补偿合同,这是与固定总价合同正好相反的合同,工程施工的最终合同价格将按照工程的实际成本再加上一定的酬金进行计算。在合同签订时,工程实际成本往往不能确定,只能确定酬金的取值比例或者计算原则。

采用这种合同,承包商不承担任何价格变化或工程量变化的风险,这些风险主要由业主承担,对业主的投资控制很不利。而承包商则往往缺乏控制成本的积极性,常常不仅不愿意控制成本,甚至还会期望提高成本以提高自己的经济效益,因此这种合同容易被那些不道德或不称职的承包商滥用,从而损害工程的整体效益。所以,应该尽量避免采用这种合同。

2) 成本加酬金合同的特点和适用条件

成本加酬金合同通常用于如下情况:

(1) 工程特别复杂,工程技术、结构方案不能预先确定,或者尽管可以确定工程技术和结构方案,但是不可能进行竞争性的招标活动并以总价合同或单价合同的形式确定承包商,如研究开发性质的工程项目。

(2) 时间特别紧迫,如抢险、救灾工程,来不及进行详细的计划和商谈。

对业主而言,这种合同形式也有一定优点,如:可以通过分段施工缩短工期,而不必等待所有施工图完成才开始招标和施工;可以减少承包商的对立情绪,承包商对工程变更和不可预见条件的反应会比较积极和快捷;可以利用承包商的施工技术专家,帮助改进或弥补设计中的不足;业主可以根据自身力量和需要,较深入地介入和控制工程施工和管理;也可以通过确定最大保证价格约束工程成本不超过某一限值,从而转移一部分风险。

对承包商来说,这种合同比固定总价的风险低,利润比较有保证,因而比较有积极性。其缺点是合同的不确定性,由于设计未完成,无法准确确定合同的工程内容、工程量以及合同的终止时间,有时难以对工程计划进行合理安排。

3) 成本加酬金合同的形式

成本加酬金合同有许多种形式,主要如下。

(1) 成本加固定费用合同。

根据双方讨论同意的工程规模、估计工期、技术要求、工作性质及复杂性、所涉及的风险等来考虑确定一笔固定数目的报酬金额作为管理费及利润,对人工、材料、机械台班等直接成本则实报实销。如果设计变更或增加新项目,当直接费超过原估算成本的一定比例(如10%)时,固定的报酬也要增加。在工程总成本一开始估计不准,可能变化不大的情况下,可采用此合同形式,有时可分几个阶段谈判付给固定报酬。这种方式虽然不能鼓励承包商降低成本,但为了尽快得到酬金,承包商会尽力缩短工期。有时也可在固定费用之外根据工程质量、工期和节约成本等因素,给承包商另加奖金,以鼓励承包商积极工作。

(2) 成本加固定比例费用合同。

工程成本中直接费加一定比例的报酬费,报酬部分的比例在签订合同时由双方确定。这种方式的报酬费用总额随成本加大而增加,不利于缩短工期和降低成本。一般在工程初期很难描述工作范围和性质,或工期紧迫,无法按常规编制招标文件招标时采用。

（3）成本加奖金合同。

奖金是根据报价书中的成本估算指标制定的，在合同中对这个估算指标规定一个底点和顶点，分别为工程成本估算的 $60\% \sim 75\%$ 和 $110\% \sim 135\%$。承包商在估算指标的顶点以下完成工程则可得到奖金，超过顶点则要对超出部分支付罚款。如果成本在底点之下，则可加大酬金值或酬金百分比。采用这种方式通常规定，当实际成本超过顶点对承包商罚款时，最大罚款限额不超过原先商定的最高酬金值。

在招标时，当图纸、规范等准备不充分，不能据以确定合同价格，而仅能制定一个估算指标时可采用这种形式。

（4）最大成本加费用合同。

在工程成本总价合同基础上加固定酬金费用的方式，即当设计深度达到可以报总价的深度，投标人报一个工程成本总价和一个固定的酬金（包括各项管理费、风险费和利润）。如果实际成本超过合同中规定的工程成本总价，由承包商承担所有的额外费用，若实施过程中节约了成本，节约的部分归业主，或者由业主与承包商分享，在合同中要确定节约分成比例。在非代理型（风险型）CM 模式的合同中就采用这种方式。

4）成本加酬金合同的应用

当实行施工总承包管理模式或 CM 模式时，业主与施工总承包管理单位或 CM 单位的合同一般采用成本加酬金合同。

在国际上，许多项目管理合同、咨询服务合同等也多采用成本加酬金合同方式。在施工承包合同中采用成本加酬金计价方式时，业主与承包商应该注意以下问题：

（1）必须有一个明确的如何向承包商支付酬金的条款，包括支付时间和金额百分比。如果发生变更和其他变化，酬金支付如何调整。

（2）应该列出工程费用清单，要规定一套详细的工程现场有关的数据记录、信息存储甚至记账的格式和方法，以便对工地实际发生的人工、机械和材料消耗等数据认真而及时地记录。应该保留有关工程实际成本的发票或付款的账单、表明款额已经支付的记录或证明等，以便业主进行审核和结算。

5.2.6　信息管理

5.2.6.1　信息管理的概述

1. 建设工程项目信息管理的内涵

（1）信息可以是口头的，也可以是书面的，还可以是电子方式的。

（2）信息管理指的是信息传输的合理的组织和控制。

（3）建设工程项目的信息管理是通过对各个系统、各项工作和各种数据的管理，使项目信息能方便有效地获取、存储、处理和交流。

（4）建设工程项目信息管理的目的旨在通过对项目信息的有效控制和组织为项目建设的增值服务。

（5）建设工程项目的信息包括在项目决策过程、实施过程和运行过程中产生的信息，以及其他与项目建设有关的信息。

2. 施工项目相关的信息管理工作

（1）收集并整理相关公共信息。公共信息包括法律、法规和部门规章信息，市场信息，自然条件信息。

（2）收集并整理工程总体信息（针对某个工程）。主要包括工程实体、场地与环境概况、参与建设各单位概况、施工合同、工程造价计算书等信息。

（3）收集并整理相关施工信息。施工信息包括施工记录信息、施工技术资料信息。

（4）收集并整理相关项目管理信息。项目管理信息包括工程协调信息、工程进度控制信息、工程成本信息、资料需要量计划信息、商务信息、安全文明施工及行政管理信息、竣工验收信息等。

3. 信息管理手册的主要内容

信息管理手册的主要内容有信息管理的任务、任务分工表和管理职能分工表、信息分类和编码、信息输入输出模型、流程图、信息处理平台、报告报表、档案管理制度、保密制度。

4. 信息管理部门的主要任务

信息管理部门的主要任务包括信息管理手册的编制、协调和组织工作、收集信息、信息处理、档案管理。

5.2.6.2　工程管理信息化

1. 工程管理信息化和施工管理信息化的内涵

信息化指的是信息资源的开发和利用，以及信息技术的开发和利用。工程管理信息化指的是工程管理信息资源的开发和利用，以及信息技术在工程管理中的开发和应用。施工管理信息化是工程管理信息化的一个分支，其内涵是：施工管理信息资源的开发和利用，以及信息技术在施工管理中的开发和应用。

2. 工程管理的信息资源

工程管理的信息资源包括组织类工程信息、管理类工程信息、经济类工程信息、技术类工程信息和法规类信息。

当前信息管理核心的技术是基于网络的信息处理平台，即在网络平台上进行信息处理。

习　题

一、单项选择题

1. 下列合同实施偏差的调整措施中，属于组织措施的是（　　）。
　　A. 增加人员投入　　　　　　　　B. 增加资金投入
　　C. 变更技术方案　　　　　　　　D. 变更合同条款
2. 建设项目工程总承包方的项目管理工作主要在项目的（　　）。
　　A. 决策阶段、实施阶段、使用阶段　B. 实施阶段
　　C. 设计阶段、施工阶段、保修阶段　D. 施工阶段

3. 当工程项目实行总承包管理模式时,业主与施工总承包管理单位的合同一般采用( )。

    A. 单价合同　　　　　　　　　　　B. 固定总价合同

    C. 变更总价合同　　　　　　　　　D. 成本加酬金合同

4. 根据《建设工程安全生产管理条例》,下列施工起重机械进行登记时提交的资料中,属于机械使用有关情况的是( )。

    A. 制造质量证明书　　　　　　　　B. 起重机械的管理制度

    C. 检验证书　　　　　　　　　　　D. 使用说明书

5. 为了实现项目的进度目标,应选择合理的合同结构,以避免过多的合同交界面而影响工程的进展,这属于进度控制的( )。

    A. 组织措施　　　　　　　　　　　B. 经济措施

    C. 技术措施　　　　　　　　　　　D. 管理措施

6. 下列施工成本管理的措施中,属于组织措施的是( )

    A. 选用合适的分包项目合同结构

    B. 确定合适的施工成本控制工作流程

    C. 确定合适的施工机械、设备使用方案

    D. 对施工成本管理目标进行风险分析,并制定防范性对策

7. 根据建设工程项目施工成本的组成,属于直接成本的是( )。

    A. 工具用具使用费　　　　　　　　B. 职工教育经费

    C. 机械折旧费　　　　　　　　　　D. 管理人员工资

8. 工程质量监督机构的主要工作内容不包括( )。

    A. 对工程实体质量的监督检查

    B. 对工程项目进行质量评定

    C. 对工程竣工验收的监督检查

    D. 提交工程质量监督报告

9. 安全生产许可证有效期满需要延期的,企业应当于期满前最晚( )向原安全生产许可证颁发管理机关办理延期手续。

    A. 1个月　　　　B. 2个月　　　　C. 3个月　　　　D. 4个月

10. 按照建设工程项目不同参与方的工作性质和组织特征划分的项目管理类型,施工方的项目管理不包括( )的项目管理。

    A. 施工总承包方　　　　　　　　　B. 建设项目总承包方

    C. 施工总承包管理方　　　　　　　D. 施工分包方

11. 在某大型工程项目的实施过程中,由于"下情不能上传、上情不能下达",导致项目经理不能及时做出正确决策,拖延了工期。为了加快实施进度,项目经理修正了信息传递的工作流程。这种纠偏措施属于动态控制的( )。

    A. 组织措施　　　B. 管理措施　　　C. 经济措施　　　D. 技术措施

12. 在国际上,采用固定总价合同,在业主和承包商都无法预测风险的条件下和可能有工程变更的情况下,( )。

A. 承包商承担了较少的风险,业主的风险较大

B. 业主承担了全部风险

C. 承包商承担了较大的风险,业主的风险较小

D. 承包商承担了全部风险

13. 某建设工程项目采用施工总承包方式,其中的幕墙工程和设备安装工程分别进行了专业分包,对幕墙工程施工质量实施监督管理的第一责任主体是(　　)。

　　A. 建设行政主管部门　　　　　　　B. 施工总承包单位

　　C. 幕墙设计单位　　　　　　　　　D. 建设单位

14. 选派项目经理阶段的预算成本计划是以(　　)为依据,按照企业的预算等额标准制定的。

　　A. 技术规程　　　B. 设计图纸　　　C. 合同标书　　　D. 工程量清单

15. 建设工程项目管理规划涉及整个实施阶段,它属于(　　)项目管理范畴。

　　A. 业主方　　　B. 承包方　　　C. 咨询单位　　　D. 设计单位

16. 反映一个组织系统中各工作部门或管理人员之间指令关系的是(　　)。

　　A. 组织结构模式　　　　　　　　　B. 合同结构图

　　C. 管理职能分工　　　　　　　　　D. 工作流程

17. 某化工建设工程在项目决策阶段,需要依法办理各种有关安全和环境保护方面的审批手续的单位应该是(　　)。

　　A. 地方政府　　　B. 建设单位　　　C. 施工单位　　　D. 施工承包商

18. 按照我国现行规定,某县发生的重大事故的事故调查组应由(　　)负责组织。

　　A. 事故发生地省级人民政府

　　B. 事故发生地设区的市级人民政府

　　C. 事故发生地县级人民政府

　　D. 国务院

19. 某项目由于关键设备采购延误导致总体工程进度延误,项目经理部研究决定调整项目采购负责人以解决问题,该措施属于项目目标控制的(　　)。

　　A. 组织措施　　　B. 管理措施　　　C. 经济措施　　　D. 技术措施

20. 某施工承包工程,承包人于 2004 年 5 月 10 日送交验收报告,发包人组织验收提出修改意见,承包人按发包人要求修改后于 2004 年 7 月 10 日再次送交工程验收报告,发包人于 2004 年 7 月 20 日组织验收,2004 年 7 月 30 日给予认可,则该工程实际竣工日期为(　　)。

　　A. 2004 年 5 月 10 日　　　　　　　B. 2004 年 7 月 10 日

　　C. 2004 年 7 月 20 日　　　　　　　D. 2004 年 7 月 30 日

21. 建设工程项目是在开放环境下实施的,因此进度控制是一个(　　)的管理过程。

　　A. 动态　　　B. 静态　　　C. 封闭　　　D. 开放

22. 建筑施工企业项目经理是受企业(　　)委托,对工程项目施工过程全面负责的项目管理者。

　　A. 董事会　　　B. 股东　　　C. 股东代表大会　　　D. 法定代表人

23. 国际工程承包合同争议解决应该首选(　　)方式。

    A. 协商　　　　　B. 调解　　　　　C. 仲裁　　　　　D. 诉讼

24. 建设工程项目的业主和参与各方都有进度控制的任务,各方(　　)。

    A. 控制的目标相同,但控制的时间范畴不同

    B. 控制的目标不同,但控制的时间范畴相同

    C. 控制的目标和时间范畴均相同

    D. 控制的目标和时间范畴各不相同

二、多项选择题

1. 项目管理中,常用的组织结构模式有(　　)。

    A. 职能组织结构　　　　B. 线性组织结构　　　　C. 事业部制组织结构

    D. 矩阵组织结构　　　　E. 混合组织结构

2. 矩阵组织结构的特点包括(　　)。

    A. 适合于大型系统

    B. 有横向、纵向两个指令来源

    C. 国际上通用

    D. 职能部门可以对其非直接的下属下达工作指令

    E. 每个部门只有唯一的下属

3. 根据《建设工程施工劳务分包合同(示范文本)》(GF—2003—0214),需由承包人承担的风险费用有(　　)。

    A. 施工场地内劳务分包人自由人员生命财产

    B. 运至施工现场用于施工的材料和待安装的设备

    C. 承包人提供给劳务人员使用的机械设备

    D. 从事危险作业的劳务分包人职工的意外伤害险

    E. 施工场地内劳务分包人自有的施工机械设备

4. 与诉讼方式比较,采用仲裁方式解决合同争议的特点有(　　)。

    A. 仲裁程序效率高

    B. 仲裁的费用相对较高

    C. 仲裁周期短

    D. 保密性

    E. 专业化的仲裁员

5. 进度控制的主要工作环节包括(　　)。

    A. 进度目标的分析和论证

    B. 编制进度计划

    C. 进度计划整体分析

    D. 定期跟踪进度计划的执行情况

    E. 调整进度计划

6. 施工总承包模式从投资控制方面来看其特点有(　　)。

A. 限制了在建设周期紧迫的建设工程项目上的应用

B. 在开工前就有较明确的合同价,有利于业主的总投资控制

C. 一般以施工图设计为投标报价的基础,投标人的投标报价较有依据

D. 缩短建设周期,节约资金成本

E. 若在施工过程中发生设计变更,可能会引起索赔

7. 合同分析,一般要分析的内容包括(　　　)。

A. 合同的法律基础

B. 施工工期

C. 违约责任

D. 承包人的主要任务

E. 竣工结算程序

三、思考题

某施工单位根据领取的某 2 000 m² 两层厂房工程项目招标文件和全套施工图纸,采用低报价策略编制了投标文件,并获得中标。该施工单位(乙方)于某年某月某日与建设单位(甲方)签订了该工程项目的固定总价合同。合同工期为 8 个月。甲方在乙方进入施工现场后,因资金紧缺,无法如期支付工程款,口头要求乙方暂停施工一个月,乙方亦口头答应。工程按合同规定期限验收时,甲方发现工程质量有问题,要求返工。两个月后,返工完毕。结算时甲方认为乙方迟延交付工程,应按合同约定偿付逾期违约金,乙方认为临时停工是甲方要求的,乙方为抢工期,加快施工进度才出现了质量问题,因此迟延交付的责任不在乙方。甲方则认为临时停工和不顺延工期是当时乙方答应的,乙方应履行承诺,承担违约责任。

问题:(1)该工程采用固定总价合同是否合适?

(2)该施工合同的变更形式是否妥当?此合同争议依据合同法律规范应如何处理?

附 录

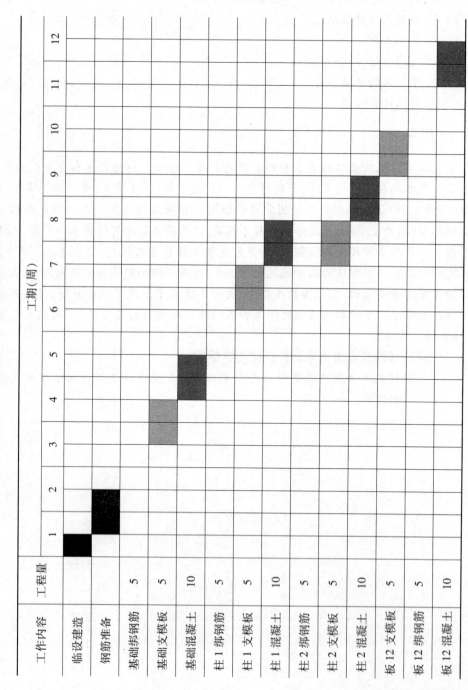

附录 1 凯旋门工程横道图

工作内容	工程量	1	2	3	4	5	6	7	8	9	10	11	12
临设建造													
钢筋准备													
基础绑钢筋	5												
基础支模板	5												
基础混凝土	10												
柱 1 绑钢筋	5												
柱 1 支模板	5												
柱 1 混凝土	10												
柱 2 绑钢筋	5												
柱 2 支模板	5												
柱 2 混凝土	10												
板 12 支模板	5												
板 12 绑钢筋	5												
板 12 混凝土	10												

工期（周）

附录 2 世纪大桥工程横道图

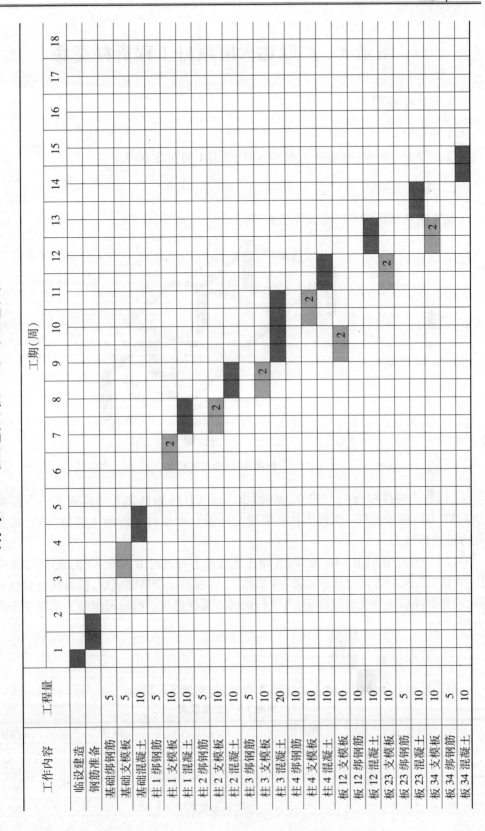

工期（周）

工作内容	工程量	1	2	3	4	5	6	7	8	9	10	11	12	13	14	15	16	17	18
临设建造																			
钢筋准备																			
基础绑钢筋	5																		
基础支模板	5																		
基础混凝土	10																		
柱 1 绑钢筋	5																		
柱 1 支模板	10						2												
柱 1 混凝土	10																		
柱 2 绑钢筋	5								2										
柱 2 支模板	10																		
柱 2 混凝土	10									2									
柱 3 绑钢筋	5																		
柱 3 支模板	10										2								
柱 3 混凝土	20																		
柱 4 绑钢筋	10											2							
柱 4 支模板	10																		
柱 4 混凝土	10												2						
板 12 支模板	10																		
板 12 绑钢筋	10													2					
板 12 混凝土	5																		
板 23 支模板	10																		
板 23 绑钢筋	5																		
板 23 混凝土	10														2				
板 34 支模板	10													2					
板 34 绑钢筋	5																		
板 34 混凝土	10																		

附录3 广联达大厦项目工程资料交底

一、工程概况

工程名称:广联达大厦。

工期要求:16 周。提前 1 周奖励 5 万,延迟 1 周罚款 10 万。

二、施工图纸

施工图纸见附图 3-1,图纸说明如下:

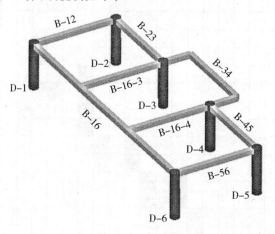

附图 3-1 施工图纸

(1)每个构件包含三个工序,基础(JC)、柱(D)(钢筋绑扎—模板支设—混凝土浇筑)、梁(B)(模板支设—钢筋绑扎—混凝土浇筑),两根柱子混凝土浇筑完后,其上方的梁方可进行施工。

(2)特别说明:①B－16 及 D－3 施工完成后方可进行 B－16－3 的施工;②B－16 及 D－4 施工完成后方可进行 B－16－4 的施工;③混凝土浇筑完成后,模板周转材料方可拆除,模板拆除后必须先退回库房,再进行周转或选择退场。模板班组施工不用考虑拆模及养护。

三、工程量表

描述此项目每个构件施工工序的工程量,如附表 3-1 所示。

附表 3-1 工程量表

编号	构件名称	工序	单位	工程量
D－1	墩－1			
D－1－1		绑钢筋	t	10
D－1－2		支模板	m^2	5
D－1－3		浇筑混凝土	m^3	10

续附表 3-1

编号	构件名称	工序	单位	工程量
D-2	墩-2			
D-2-1		绑钢筋	t	5
D-2-2		支模板	m²	10
D-2-3		浇筑混凝土	m³	10
D-3	墩-3			
D-3-1		绑钢筋	t	5
D-3-2		支模板	m²	5
D-3-3		浇筑混凝土	m³	20
D-4	墩-4			
D-4-1		绑钢筋	t	5
D-4-2		支模板	m²	5
D-4-3		浇筑混凝土	m³	10
D-5	墩-5			
D-5-1		绑钢筋	t	5
D-5-2		支模板	m²	5
D-5-3		浇筑混凝土	m³	10
D-6	墩-6			
D-6-1		绑钢筋	t	5
D-6-2		支模板	m²	5
D-6-3		浇筑混凝土	m³	10
B-12	板-12			
B-12-1		支模板	m²	5
B-12-2		绑钢筋	t	10
B-12-3		浇筑混凝土	m³	10
B-23	板-23			
B-23-1		支模板	m²	5
B-23-2		绑钢筋	t	5
B-23-3		浇筑混凝土	m³	10
B-34	板-34			
B-34-1		支模板	m²	5
B-34-2		绑钢筋	t	5
B-34-3		浇筑混凝土	m³	10
B-45	板-45			
B-45-1		支模板	m²	10
B-45-2		绑钢筋	t	5
B-45-3		浇筑混凝土	m³	20
B-56	板-56			
B-56-1		支模板	m²	10
B-56-2		绑钢筋	t	5
B-56-3		浇筑混凝土	m³	10

续附表 3-1

编号	构件名称	工序	单位	工程量
B – 16	板 – 16			
B – 16 – 1		支模板	m²	5
B – 16 – 2		绑钢筋	t	5
B – 16 – 3		浇筑混凝土	m³	10
B – 16 – 3	板 – 16 – 3			
B – 16 – 3 – 1		支模板	m²	5
B – 16 – 3 – 2		绑钢筋	t	5
B – 16 – 3 – 3		浇筑混凝土	m³	10
B – 16 – 4	板 – 16 – 4			
B – 16 – 4 – 1		支模板	m²	5
B – 16 – 4 – 2		绑钢筋	t	5
B – 16 – 4 – 3		浇筑混凝土	m³	10

四、合同预算

合同预算是建设单位和施工单位签署的合同文件的组成部分,也就是双方达成协议的投标报价,是双方支付工程款的依据。各工序合同预算如附表 3-2 所示。

附表 3-2　合同预算

工序	报量单价	总工程量	报量价格(万)
绑钢筋	3 万/t	80 t	240
支模板	4 万/m²	85 m²	340
浇筑混凝土	3 万/m³	160 m³	480
合计			1 060

每月统计完成工程量原则:项目工序工程量 100% 完成,方可纳入完成工程量统计。

五、施工安全危险系数分析

施工安全危险系数分析如附表 3-3 所示。

附表 3-3　施工安全危险系数分析

编号	构件/工序名称	危险系数	安全措施投入(万)
D – X	墩/柱		
D – X – 1	绑钢筋	1	1
D – X – 2	支模板		
D – X – 3	浇筑混凝土		
B – X	梁/板		
B – X – 1	支模板	3	3
B – X – 2	绑钢筋	4	4
B – X – 3	浇筑混凝土	5	5

说明:只要安全措施累计投入费用可以预防相应危险系数的施工工序,即可避免发生意外事件,执行环节不排除有变更发生。

六、天气分析

通过气象部门预测,施工工期内预估降水分布及降水等级如附图3-2所示。

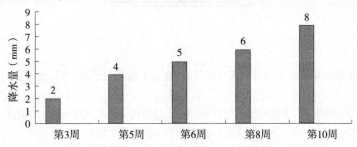

附图3-2　施工工期内预估降水分布及降水等级

七、市场资源分析

劳务班组市场可供应数量分析如附表3-4所示。

附表3-4　劳务班组可供应数量分析

劳务班组工种	可供应数量
钢筋劳务班组	5
模板劳务班组	4
混凝土劳务班组	4

说明:每支劳务队在施工过程中如果出场,将不再进场,但是在市场可供应数量足够的情况下,可以选择其他劳务班组进场。

机械租赁分析如附表3-5所示。

附表3-5　机械租赁分析

机械名称	机械产量	进、出场费（万元）	基准租赁价（万元/周）	工作用电（kW）	工作用水（m³）
钢筋加工机	5 t/周	2	1	1	—
混凝土搅拌机	10 m³/周	3	2	1	1
发电机组（小）	20 kW	2	1	—	—
发电机组（大）	40 kW	2	2	—	—
供水泵机（小）	10 m³	2	1	2	—
供水泵机（大）	20 m³	2	2	4	—

重点注意事项:

(1)混凝土加工机进、出场费用由2万元调整为3万元。

(2)混凝土加工机租赁费由1万元/周调整为2万元/周。

参考文献

[1] 全国一级建造师执业资格考试用书编写委员会.建设工程项目管理[M].北京:中国建筑工业出版社,2016.

[2] 杨卫国,张江威,冯敏.建筑施工组织与管理[M].成都:电子科技大学出版社,2015.

[3] 程玉兰.建筑施工组织[M].哈尔滨:哈尔滨工业大学出版社,2012.

[4] 张俊友.建筑施工组织与进度控制[M].哈尔滨:哈尔滨工业大学出版社,2014.

[5] 张廷瑞.建筑施工组织与进度控制[M].北京:北京大学出版社,2012.

[6] 中华人民共和国住房和城乡建设部.GF—2013—0201 建设工程施工合同(示范文本)[S].北京:中国建筑工业出版社,2013.

[7] 中华人民共和国住房和城乡建设部.GB 50300—2013 建筑工程施工质量验收统一标准[S].北京:中国建筑工业出版社,2013.

[8] 中华人民共和国住房和城乡建设部.GB/T 50502—2009 建筑施工组织设计规范[S].北京:中国建筑工业出版社,2009.